U0212933

Interior Decoration Design

软装设计素材
与模型图库

建E室内设计网 编

化学工业出版社
·北京·

图书在版编目（CIP）数据

软装设计素材与模型图库/建E室内设计网编．—
北京：化学工业出版社，2019.3
　ISBN 978-7-122-33917-1

　Ⅰ．①软… 　Ⅱ．①建… 　　Ⅲ．①室内装饰设计－图集
Ⅳ．①TU238.2-64

中国版本图书馆CIP数据核字（2019）第029840号

责任编辑：孙梅戈　　　　　　　　　封面设计：云天楚色设计工作室　　　黄　彦
责任校对：宋　玮　　　　　　　　　　　　　　　　　　　　　　　　　　权梦格

出版发行：化学工业出版社（北京市东城区青年湖南街13号　邮政编码100011）
印　　装：北京新华印刷有限公司
787mm×1092mm　1/16　印张20　字数240千字　2019年4月北京第1版第1次印刷

购书咨询：010-64518888　售后服务：010-64518899
网　　址：http://www.cip.com.cn
凡购买本书，如有缺损质量问题，本社销售中心负责调换。

定　　价：268.00元　　　　　　　　　　　　　　　　　　版权所有　违者必究

前言
Preface

  本书是为软装设计师们量身打造的工具书，也是一本不可多得的素材宝典。书中集结了软装设计中用到的几乎全部门类的产品素材，包括家具、灯具、饰品、画品、布艺、花艺六大部分。每种素材都给出了品牌名称、规格尺寸、材质工艺以及推荐的搭配风格等关键信息，部分素材还提供了市场参考价格，供设计师和采购人员等进行参照。

  本书的另一大特色是，书中的所有素材都配有相对应的立体模型或贴图电子文件。读者朋友们可以在书中浏览速查，找到自己需要的产品后，根据产品编号到电子资料库中提取相应的文件，直接用于方案设计，甚至是全景效果图中。从此，它将成为你办公桌案头必不可少的好帮手。

编 者

2019 年 3 月 1 日

注：本书中提供的价格仅供参考，请以市场价为准。

如何使用这本书

第一步： 根据目录查找软装元素

小贴士： 也可以根据全书边缘的颜色标签进行速查！

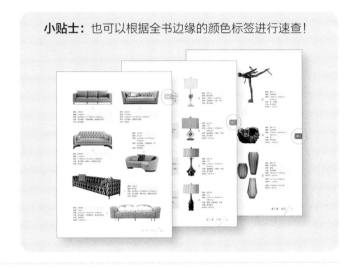

第二步： 了解素材的相关信息，选择自己需要的产品

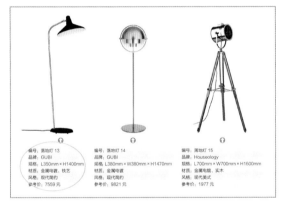

编号：落地灯 13
品牌：GUBI
规格：L350mm × H1400mm
材质：金属电镀、铁艺
风格：现代简约
参考价：7559 元

编号：落地灯 14
品牌：GUBI
规格：L380mm × W380mm × H1470mm
材质：金属电镀
风格：现代简约
参考价：9821 元

编号：落地灯 15
品牌：Houseology
规格：L700mm × W700mm × H1600mm
材质：金属电镀、实木
风格：现代美式
参考价：1977 元

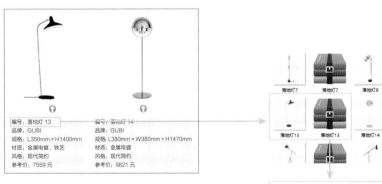

编号：落地灯 13
品牌：GUBI
规格：L350mm × H1400mm
材质：金属电镀、铁艺
风格：现代简约
参考价：7559 元

编号：落地灯 14
品牌：GUBI
规格：L380mm × W380mm × H1470mm
材质：金属电镀
风格：现代简约
参考价：9821 元

落地灯7　落地灯7　落地灯8　落地灯8
落地灯13　落地灯13　落地灯14　落地灯14

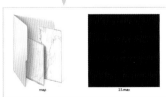

map　　11.max

第三步： 根据书中编号，到本书配套的模型库中提取相应的电子文件，完成方案设计

目录
CONTENTS

家具

CHAPTER ONE

椅凳

1 椅凳　凳榻

编号：凳榻 1
品牌：高级定制
规格：L760mm × W500mm × H440mm
材质：黄铜色不锈钢拉丝、高级布艺软包
风格：美式

编号：凳榻 2
品牌：高级定制
规格：L700mm × W500mm × H420mm
材质：实木框架、不锈钢镀钛、高级布艺软包
风格：简约现代

编号：凳榻 3
品牌：高级定制
规格：L2380mm × W550mm × H780mm
材质：实木烤漆
风格：新中式

编号：凳榻 4
品牌：高级定制
规格：L1100mm × W550mm × H570mm
材质：实木框架、烤漆、高级布艺软包
风格：简约现代

编号：凳榻 5
品牌：高级定制
规格：L600mm × W450mm × H500mm
材质：实木烤漆、金属
风格：新中式

编号：凳榻 6
品牌：高级定制
规格：L450mm×W450mm×H480mm
材质：不锈钢镀钛、高级布艺软包
风格：现代轻奢
参考价：3680 元

编号：凳榻 7
品牌：高级定制
规格：L680mm×W400mm×H420mm
材质：黑色金属烤漆、高级布艺软包
风格：现代简约

编号：凳榻 8
品牌：高级定制
规格：座面：L520mm×W470mm×H80mm
　　　座凳：L510mm×W510mm×H390mm
材质：实木座面、棉麻软包座凳
风格：现代简约
参考价：1300 元

编号：凳榻 9
品牌：高级定制
规格：D350mm×H420mm
材质：不锈钢镀钛、实木
风格：现代轻奢

椅凳

编号：凳榻 10
品牌：高级定制
规格：L1600mm×W400mm×H420mm
材质：铁艺框架、高级布艺软包
风格：新中式
参考价：6500 元

编号：凳榻 11
品牌：Inno
规格：L1000mm×W500mm×H420mm
材质：实木框架、不锈钢镀钛、高级布艺软包
风格：现代轻奢

编号：凳榻 12
品牌：高级定制
规格：L450mm×W300mm×H450mm
材质：实木座凳、皮制软包
风格：现代简约
参考价：2500 元

编号：凳榻 13
品牌：高级定制
规格：D430mm×H450mm
材质：实木框架、高级布艺软包、流苏
风格：现代简约

编号：凳榻 14
品牌：高级定制
规格：L1750mm×W550mm×H530mm
材质：黑色金属烤漆、高级皮艺软包
风格：现代简约

编号：凳榻 15
品牌：高级定制
规格：L1200mm×W500mm×H450mm
材质：实木框架、高级布艺软包
风格：现代简约

编号：凳榻 16
品牌：高级定制
规格：L1300mm×W500mm×H400mm
材质：实木框架、高级皮毛软包
风格：现代简约

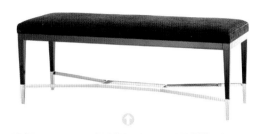

编号：凳榻 17
品牌：高级定制
规格：L1300mm×W550mm×H420mm
材质：实木框架、不锈钢镀钛、高级布艺软包
风格：现代简约

编号：凳榻 18
品牌：高级定制
规格：L1200mm×W400mm×H450mm
材质：实木框架、不锈钢镀钛、高级布艺软包
风格：新古典

编号：凳榻 19
品牌：高级定制
规格：L1300mm×W450mm×H460mm
材质：实木框架、不锈钢镀钛、高级布艺软包
风格：美式

编号：凳榻 20
品牌：高级定制
规格：L1350mm×W420mm×H600mm
材质：不锈钢镀钛、高级布艺软包
风格：新古典

编号：凳榻 21
品牌：高级定制
规格：D450mm×H450mm
材质：皮毛软包、不锈钢镀钛
风格：现代轻奢

编号：凳榻 22
品牌：高级定制
规格：D600mm×H460mm
材质：不锈钢镀钛、高级布艺软包
风格：现代轻奢

编号：凳榻 23
品牌：高级定制
规格：D400mm×H450mm
材质：不锈钢镀钛、高级布艺软包
风格：现代简约

椅凳

编号：凳榻 24
品牌：高级定制
规格：L650mm × W480mm × H450mm
材质：实木烤漆、高级布艺软包
风格：新古典

编号：凳榻 25
品牌：高级定制
规格：L2100mm × W450mm × H380mm
材质：黑色金属烤漆、高级布艺软包
风格：现代轻奢

编号：凳榻 26
品牌：高级定制
规格：L480mm × W380mm × H430mm
材质：实木、进口皮革
风格：现代简约

编号：凳榻 27
品牌：高级定制
规格：D400mm × H450mm
材质：实木框架、高级丝绒软包
风格：现代轻奢

编号：凳榻 28
品牌：HERMÈS
规格：L450mm × W350mm × H400mm
材质：实木框架、真皮软包、高级布艺软包
风格：现代简约

编号：凳榻 29
品牌：高级定制
规格：L1300mm × W400mm × H500mm
材质：实木框架、高级布艺软包
风格：新古典

编号：凳榻 30
品牌：高级定制
规格：L650mm×W480mm×H450mm
材质：实木框架、高级布艺软包
风格：美式

编号：凳榻 31
品牌：高级定制
规格：D400mm×H450mm
材质：不锈钢镀钛、高级布艺软包
风格：现代轻奢

编号：凳榻 32
品牌：高级定制
规格：L1800mm×W800mm×
　　　H500mm
材质：实木框架、高级布艺软包
风格：新中式

编号：凳榻 33
品牌：高级定制
规格：L1940mm×W900mm×H570mm
材质：实木框架、不锈钢镀钛、高级布艺
　　　软包
风格：现代简约

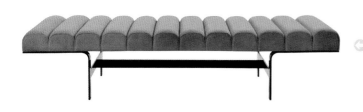

编号：凳榻 34
品牌：高级定制
规格：L1820mm×W660mm×
　　　H380mm
材质：不锈钢镀钛、高级布艺软包
风格：现代简约

椅凳

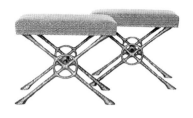

编号：凳榻 35
品牌：POLTRONA FRAU
规格：D390mm×H460mm
材质：实木框架、高级布艺软包
风格：现代简约

编号：凳榻 36
品牌：Alexandre
规格：L530mm×W400mm×H440mm
材质：牛皮软包、金属镀钛
风格：新古典

编号：凳榻 37
品牌：Andrew Martin
规格：D590mm×H540mm
材质：铁艺框架、高级布艺软包
风格：现代简约

编号：凳榻 38
品牌：CECCOTTI
规格：L1630mm×W780mm×H810mm
材质：黑胡桃木、头层牛皮软包
风格：现代简约

编号：凳榻 39
品牌：Fontanne
规格：L1000mm×W350mm×H430mm
材质：不锈钢镀钛、布艺软包
风格：现代轻奢

编号：凳榻 40
品牌：HC28
规格：L600mm×W320mm×H400mm
材质：实木凳面、不锈钢镀钛
风格：新中式

编号：凳榻 41
品牌：HC28
规格：D450mm×H450mm
材质：实木烤漆
风格：新中式

编号：凳榻 42
品牌：木美
规格：L2000mm×W810mm×H600mm
材质：胡桃木、头层牛皮软包
风格：现代简约
参考价：19940 元

编号：凳榻 43
品牌：JONATHAN ADLER
规格：L1770mm×W860mm×
　　　H400mm
材质：不锈钢镀钛、高级布艺软包
风格：现代轻奢

编号：凳榻 44
品牌：LuxDeco
规格：L1350mm×W540mm×
　　　H450mm
材质：实木框架、不锈钢镀钛、高级布
　　　艺软包
风格：现代轻奢

编号：凳榻 45
品牌：POLTRONA FRAU
规格：L1800mm×W450mm×
　　　H400mm
材质：不锈钢镀钛、高级布艺软包、
　　　实木
风格：现代简约

椅凳

编号：凳榻 46
品牌：Riva 1920
规格：L1500mm×W300mm×H400mm
材质：实木
风格：现代简约

编号：凳榻 47
品牌：STELLAR WORKS
规格：L1648mm×W610mm×H559mm
材质：实木框架、不锈钢镀钛、高级布艺
　　　软包
风格：新古典

编号：凳榻 48
品牌：TURE
规格：L1500mm×W400mm×H500mm
材质：不锈钢镀钛、高级布艺软包
风格：现代简约

编号：凳榻 49
品牌：卡翡亚
规格：L450mm×W436mm×H460mm
材质：橡木、高级布艺软包
风格：现代简约
参考价：2300 元

编号：凳榻 50
品牌：素壳
规格：D490mm×H375mm
材质：黑胡桃木、编织材料
风格：新中式
参考价：1950 元

休闲椅

编号：休闲椅 1
品牌：高级定制
规格：L780mm×W760mm×
　　　H820mm
材质：实木框架、不锈钢镀钛、高级布艺
　　　软包
风格：现代简约

编号：休闲椅 2
品牌：高级定制
规格：L800mm×W820mm×H900mm
材质：实木框架、黑色烤漆金属、高级布艺软包
风格：现代简约

编号：休闲椅 3
品牌：高级定制
规格：L800mm×W750mm×H800mm
材质：实木框架、不锈钢镀钛、高级布艺软包
风格：现代轻奢

编号：休闲椅 4
品牌：高级定制
规格：L910mm×W960mm×H910mm
材质：实木框架、黑色烤漆金属、高级布艺软包
风格：现代简约

编号：休闲椅 5
品牌：高级定制
规格：L700mm×W800mm×H760mm
材质：实木框架、黑色不锈钢镀钛、高级皮艺软包
风格：现代简约

椅凳

编号：休闲椅 6
品牌：高级定制
规格：L840mm×W800mm×H830mm
材质：黑色烤漆金属框架、实木、高级布艺软包
风格：现代简约

编号：休闲椅 7
品牌：高级定制
规格：L750mm×W790mm×H750mm
材质：实木框架、不锈钢镀钛、高级布艺软包
风格：现代简约

编号：休闲椅 8
品牌：高级定制
规格：L800mm×W780mm×H830mm
材质：实木框架、不锈钢镀钛、高级布艺软包
风格：现代简约

编号：休闲椅 9
品牌：高级定制
规格：L830mm×W910mm×H780mm
材质：实木框架、皮艺软包、布艺软包
风格：现代简约

编号：休闲椅 10
品牌：高级定制
规格：L950mm×W890mm×H1060mm
材质：实木框架、玻璃钢、高级皮艺软包
风格：现代简约

编号：休闲椅 11
品牌：高级定制
规格：L780mm×W750mm×H780mm
材质：不锈钢镀钛框架、高级皮艺软包
风格：现代简约

编号：休闲椅 12
品牌：高级定制
规格：L830mm×W610mm×H730mm
材质：实木框架、橡木贴皮、皮艺软包
风格：现代简约

编号：休闲椅 13
品牌：高级定制
规格：L720mm×W725mm×H800mm
材质：实木框架、不锈钢镀钛、高级布艺软包
风格：现代简约

椅凳

编号：休闲椅 14
品牌：高级定制
规格：L700mm×W990mm×H1010mm
材质：实木框架、不锈钢镀钛、高级皮艺软包
风格：现代简约

编号：休闲椅 15
品牌：高级定制
规格：L700mm×W760mm×H730mm
材质：实木框架、不锈钢镀钛、高级布艺软包
风格：现代轻奢

编号：休闲椅 16
品牌：高级定制
规格：L760mm×W760mm×H780mm
材质：实木框架、高级羊绒软包
风格：现代简约

编号：休闲椅 17
品牌：高级定制
规格：L680mm×W830mm×H990mm
材质：实木框架、不锈钢镀钛、高级丝绒软包
风格：现代轻奢

编号：休闲椅 18
品牌：高级定制
规格：L770mm×W880mm×H840mm
材质：实木框架、不锈钢镀钛、高级丝绒软包
风格：现代轻奢

编号：休闲椅 19
品牌：高级定制
规格：L910mm×W810mm×H880mm
材质：实木框架、不锈钢镀钛、高级丝绒软包
风格：现代轻奢

编号：休闲椅 20
品牌：高级定制
规格：L720mm×W655mm×H750mm
材质：实木框架、不锈钢镀钛、高级皮艺软包
风格：美式

编号：休闲椅 21
品牌：高级定制
规格：L700mm×W800mm×H800mm
材质：实木框架、不锈钢镀钛、高级丝绒软包
风格：现代简约

编号：休闲椅 22
品牌：高级定制
规格：L780mm×W780mm×H830mm
材质：实木框架、高级布艺软包
风格：现代简约

椅凳

编号：休闲椅 23
品牌：高级定制
规格：L630mm × W600mm × H850mm
材质：实木框架、高级布艺软包、PU 软包
风格：现代简约

编号：休闲椅 24
品牌：高级定制
规格：L660mm × W730mm × H780mm
材质：实木框架、不锈钢镀钛、高级丝绒软包
风格：现代简约

编号：休闲椅 25
品牌：b.d Barcelona design
规格：L910mm × W760mm × H990mm
材质：实木框架、热弯板、不锈钢镀钛、高级皮艺
　　　软包
风格：现代轻奢

编号：休闲椅 26
品牌：Minotti
规格：L770mm × W760mm × H750mm
材质：实木框架、不锈钢镀钛、高级丝绒软包
风格：现代简约

编号：休闲椅 27
品牌：munna
规格：L690mm × W680mm × H780mm
材质：实木框架、不锈钢镀钛、高级丝绒软包
风格：现代轻奢

编号：休闲椅 28
品牌：POLTRONA FRAU
规格：L830mm×W830mm×H950mm
材质：实木框架、高级皮毛软包
风格：现代简约

编号：休闲椅 29
品牌：Rubelli
规格：L700mm×W720mm×H650mm
材质：实木框架、不锈钢镀钛、高级提花软包
风格：现代简约

编号：休闲椅 31
品牌：ALIVAR
规格：L710mm×W830mm×H700mm
材质：实木框架、高级皮艺软包
风格：现代简约

编号：休闲椅 30
品牌：SOLIOS
规格：L790mm×W730mm×H740mm
材质：实木框架、高级布艺软包
风格：现代简约

编号：休闲椅 32
品牌：AMY
规格：L830mm×W680mm×H810mm
材质：实木框架、铆钉、高级丝绒软包
风格：新古典

编号：休闲椅 33
品牌：baxter
规格：L660mm×W570mm×H830mm
材质：实木框架、不锈钢镀钛、高级皮艺软包
风格：现代轻奢

编号：休闲椅 34
品牌：baxter
规格：L710mm×W720mm×H720mm
材质：实木框架、不锈钢镀钛、高级布艺软包
风格：现代简约

编号：休闲椅 35
品牌：baxter
规格：L780mm×W680mm×H710mm
材质：实木框架、环保中纤板、高级磨砂真皮软包
风格：现代简约

编号：休闲椅 36
品牌：caracole
规格：L670mm×W660mm×H710mm
材质：实木框架、不锈钢镀钛、高级布艺软包
风格：现代轻奢

编号：休闲椅 37
品牌：Casarredo
规格：L655mm×W840mm×H815mm
材质：实木框架、不锈钢镀钛、高级布艺软包
风格：现代轻奢

编号：休闲椅 38
品牌：Cassina
规格：L980mm×W800mm×H1060mm
材质：超纤皮、弯板支架、高级布艺软包
风格：现代简约

编号：休闲椅 39
品牌：CECCOTTI
规格：L650mm×W840mm×H1090mm
材质：黑胡桃、意大利头层牛皮
风格：现代简约

编号：休闲椅 40
品牌：CECCOTTI
规格：L810mm×W860mm×
　　　H1080mm
材质：核桃木、高级布艺软包
风格：现代简约

椅凳

编号：休闲椅 41
品牌：Covet
规格：L780mm×W800mm×H810mm
材质：实木框架、不锈钢镀钛、高级布艺软包
风格：现代轻奢

编号：休闲椅 42
品牌：ESSENTIAL HOME
规格：L720mm×W800mm×H900mm
材质：实木框架、不锈钢镀钛、高级布艺软包
风格：现代简约

编号：休闲椅 43
品牌：ESSENTIAL HOME
规格：L760mm×W780mm×H800mm
材质：实木框架、不锈钢镀钛、高级布艺软包
风格：现代简约

编号：休闲椅 44
品牌：Getama
规格：L650mm×W630mm×H700mm
材质：实木框架、热弯板、高级布艺软包
风格：现代简约

编号：休闲椅 45
品牌：WIENER GTV DESIGN
规格：L730mm×W810mm×H830mm
材质：实木框架、黑色烤漆、高级布艺软包
风格：现代简约

编号：休闲椅 46
品牌：HAY
规格：L970mm×W890mm×H820mm
材质：实木框架、黑色不锈钢镀钛、高级布艺软包
风格：现代简约

编号：休闲椅 47
品牌：HC28
规格：L772mm×W892mm×H795mm
材质：实木框架、高级布艺软包
风格：现代简约

编号：休闲椅 48
品牌：HC28
规格：L710mm×W830mm×H800mm
材质：实木框架、高级布艺软包
风格：现代简约

编号：休闲椅 49
品牌：HOLLY HUNT
规格：L750mm×W790mm×H750mm
材质：实木框架、不锈钢镀钛、高级布艺软包
风格：现代轻奢

编号：休闲椅 50
品牌：House of Finn Juhl
规格：L800mm×W720mm×H810mm
材质：实木框架、高级布艺软包
风格：现代简约

椅凳

编号：休闲椅 51
品牌：KASSAVELLO
规格：L890mm × W840mm × H690mm
材质：实木框架、黑色烤漆、编织材料、高级布艺软包
风格：新中式

编号：休闲椅 52
品牌：KENNETHCOBONPUE
规格：L900mm × W770mm × H710mm
材质：铁艺框架、编织材料、高级布艺软包
风格：现代简约

编号：休闲椅 53
品牌：Minotti
规格：L850mm × W860mm × H680mm
材质：实木框架、高级布艺软包
风格：现代简约

编号：休闲椅 54
品牌：Minotti
规格：L750mm × W820mm × H780mm
材质：实木框架、黑色烤漆、高级布艺软包
风格：现代简约

编号：休闲椅 55
品牌：Minotti
规格：L850mm × W860mm × H680mm
材质：实木框架、高级布艺软包
风格：现代简约

编号：休闲椅 56
品牌：Molteni&C
规格：L770mm × W1030mm × H800mm
材质：实木框架、不锈钢镀钛、高级布艺软包
风格：现代简约

编号：休闲椅 57
品牌：Molteni&C
规格：L760mm × W800mm × H960mm
材质：激光切割铝板、高级布艺软包
风格：现代简约

编号：休闲椅 58
品牌：Molteni&C
规格：L700mm × W740mm × H750mm
材质：实木框架、不锈钢镀钛、高级布艺软包
风格：现代简约

编号：休闲椅 59
品牌：OKHA
规格：L740mm × W900mm × H880mm
材质：不锈钢镀钛、高级布艺软包
风格：现代简约

编号：休闲椅 60
品牌：Ottiu
规格：L770mm × W800mm × H1030mm
材质：实木框架、铆钉、高级布艺软包
风格：现代轻奢

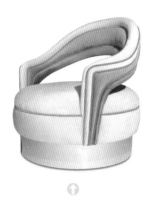

编号：休闲椅 61
品牌：Ottiu
规格：L830mm×W820mm×H860mm
材质：实木框架、高级丝绒软包
风格：现代轻奢

编号：休闲椅 62
品牌：Poliform
规格：L780mm×W870mm×H750mm
材质：实木框架、高级布艺软包
风格：现代简约

编号：休闲椅 63
品牌：SP01
规格：L760mm×W820mm×H860mm
材质：粉末涂层钢架、实木框架、高级皮艺软包
风格：现代简约

编号：休闲椅 64
品牌：Stellar Works
规格：L892mm×W790mm×H664mm
材质：粉末涂层钢架、镀黄铜不锈钢、高级布艺软包
风格：现代简约

编号：休闲椅 65
品牌：Stellar Works
规格：L750mm×W700mm×H748mm
材质：粉末涂层钢架、实木扶手、高级布艺软包
风格：现代简约

编号：休闲椅 66
品牌：木美
规格：L680mm×W700mm×H690mm
材质：胡桃木、高级皮艺软包
风格：新中式
参考价：8900 元

编号：休闲椅 67
品牌：木美
规格：L660mm×W1040mm×H940mm
材质：胡桃木、高级布艺软包
风格：新中式
参考价：14810 元

编号：休闲椅 69
品牌：HC28
规格：L670mm×W680mm×H780mm
材质：实木框架、高级布艺软包
风格：新中式

编号：休闲椅 68
品牌：木美
规格：L740mm×W770mm×H840mm
材质：胡桃木、高级布艺软包
风格：新中式
参考价：15710 元

编号：休闲椅 70
品牌：木美
规格：L760mm×W730mm×H800mm
材质：实木框架、不锈钢镀钛、高级皮艺软包
风格：新中式
参考价：24280 元

编号：休闲椅 71
品牌：木美
规格：L890mm×W690mm×H1450mm
材质：核桃木、高级皮艺软包
风格：新中式
参考价：21670 元

编号：休闲椅 72
品牌：木美
规格：L610mm×W780mm×H920mm
材质：胡桃木、不锈钢镀钛、高级布艺软包
风格：新中式
参考价：18280 元

编号：休闲椅 73
品牌：木美
规格：L660mm×W600mm×H700mm
材质：不锈钢镀钛、高级皮艺软包
风格：新中式
参考价：9310 元

编号：休闲椅 74
品牌：锐驰
规格：L790mm×W790mm×H820mm
材质：实木框架、不锈钢镀钛、高级皮艺
　　　软包
风格：现代简约

编号：休闲椅 75
品牌：素壳
规格：L600mm×W625mm×H760mm
材质：真皮座身、黑胡桃木底圈
风格：新中式
参考价：12910 元

椅

编号：椅 1
品牌：高级定制
规格：L830mm × W730mm × H860mm
材质：铁艺框架、高级布艺软包
风格：现代简约

编号：椅 2
品牌：高级定制
规格：L580mm × W520mm × H780mm
材质：不锈钢镀钛、高级布艺软包
风格：现代简约

编号：椅 3
品牌：高级定制
规格：L520mm × W550mm × H780mm
材质：不锈钢镀钛、高级布艺软包
风格：现代轻奢

编号：椅 4
品牌：visionnaire
规格：L575mm × W650mm × H655mm
材质：实木烤漆、不锈钢镀钛、高级布艺软包
风格：新中式
参考价：7360 元

编号：椅 5
品牌：高级定制
规格：L520mm × W510mm × H780mm
材质：实木框架、高级布艺软包
风格：现代简约

椅凳

编号：椅 6
品牌：高级定制
规格：L580mm × W560mm ×
　　　H790mm
材质：实木框架、高级布艺软包
风格：现代轻奢

编号：椅 7
品牌：高级定制
规格：L560mm × W550mm ×
　　　H770mm
材质：实木框架、橡木腿、高级布艺软包
风格：现代简约

编号：椅 8
品牌：高级定制
规格：L540mm × W550mm ×
　　　H800mm
材质：实木框架、胡桃木腿、高
　　　级皮艺软包
风格：现代简约

编号：椅 9
品牌：高级定制
规格：L480mm × W550mm ×
　　　H850mm
材质：实木框架、亚光烤漆、高
　　　级丝绒软包
风格：现代简约

编号：椅 10
品牌：高级定制
规格：L480mm × W550mm ×
　　　H880mm
材质：实木框架、樱桃木腿、高
　　　级丝绒软包
风格：新古典

编号：椅 11
品牌：高级定制
规格：L540mm × W590mm ×
　　　H860mm
材质：实木框架、不锈钢镀钛、高级布艺
　　　软包
风格：现代轻奢

编号：椅 12
品牌：高级定制
规格：L650mm × W580mm × H720mm
材质：实木框架、亚光烤漆、高级丝绒软包
风格：现代简约

编号：椅 14
品牌：高级定制
规格：L500mm × W570mm × H810mm
材质：实木框架、亚光烤漆、高级丝绒软包
风格：现代简约

编号：椅 13
品牌：高级定制
规格：L530mm × W690mm × H800mm
材质：实木框架、橡木腿、高级皮艺软包
风格：现代简约

编号：椅 15
品牌：高级定制
规格：L570mm × W560mm × H760mm
材质：实木框架、橡木腿、高级布艺软包
风格：现代简约

编号：椅 16
品牌：高级定制
规格：L430mm × W500mm × H765mm
材质：不锈钢镀钛、高级皮艺软包
风格：现代简约

编号：椅 17
品牌：高级定制
规格：L630mm × W850mm × H980mm
材质：玻璃钢、高级布艺软包、不锈钢镀钛
风格：现代简约

编号：椅 18
品牌：高级定制
规格：L650mm × W600mm ×
　　　H1200mm
材质：编织材料、实木
风格：新中式

编号：椅 19
品牌：高级定制
规格：L660mm × W560mm ×
　　　H760mm
材质：实木烤漆
风格：新中式

编号：椅 20
品牌：高级定制
规格：L550mm × W500mm ×
　　　H750mm
材质：胡桃木实木、高级布艺软包
风格：现代简约

编号：椅 21
品牌：高级定制
规格：L600mm × W650mm ×
　　　H900mm
材质：热弯板、不锈钢、PU 软包
风格：现代简约

编号：椅 22
品牌：高级定制
规格：L550mm × W490mm × H750mm
材质：实木框架、不锈钢镀钛、高级绒布软包
风格：现代轻奢

编号：椅 23
品牌：高级定制
规格：L460mm × W450mm × H820mm
材质：不锈钢镀钛、高级布艺软包
风格：现代简约

编号：椅 24
品牌：高级定制
规格：L670mm×W620mm×H830mm
材质：玻璃钢、热弯板、高级布艺软包
风格：现代简约

编号：椅 25
品牌：Marmo
规格：L620mm×W470mm×H900mm
材质：不锈钢镀钛、高级布艺软包
风格：现代简约
参考价：1288 元

编号：椅 26
品牌：高级定制
规格：L520mm×
　　　W550mm×
　　　H790mm
材质：热弯板、高级
　　　布艺软包
风格：现代简约

编号：椅 27
品牌：高级定制
规格：L570mm×W610mm×H770mm
材质：热弯板、不锈钢镀钛、高级布艺软包
风格：现代简约

编号：椅 28
品牌：高级定制
规格：L550mm×W600mm×H1090mm
材质：不锈钢镀钛、高级丝绒软包
风格：现代轻奢

椅凳

编号：椅 29
品牌：高级定制
规格：L560mm×W600mm×H770mm
材质：实木框架、橡木贴皮、高级布艺软包
风格：新中式

编号：椅 30
品牌：高级定制
规格：L500mm×W580mm×H760mm
材质：实木框架、橡木腿、高级布艺软包
风格：现代简约

编号：椅 31
品牌：高级定制
规格：L500mm×W600mm×H700mm
材质：实木框架、亚光烤漆、高级布艺软包
风格：现代简约

编号：椅 32
品牌：baxter
规格：L630mm×W700mm×H790mm
材质：实木框架、橡木腿、不锈钢镀钛扶手、高级皮艺软包
风格：现代简约

编号：椅 33
品牌：Boss
规格：L650mm×W550mm×H850mm
材质：热弯板、不锈钢、PU 软包
风格：现代简约

编号：椅 34
品牌：BREAK
规格：L510mm×W570mm×
　　　H800mm
材质：实木框架、高级布艺软包
风格：现代简约

编号：椅 35
品牌：CECCOTTI
规格：L600mm×W565mm×
　　　H830mm
材质：胡桃木、高级皮艺软包
风格：现代简约

编号：椅 36
品牌：Giorgetti
规格：L500mm×W570mm×H980mm
材质：实木框架、高级布艺软包、真皮软包
风格：现代简约

编号：椅 37
品牌：CHI WING LO
规格：L550mm×W570mm×H900mm
材质：实木框架、胡桃木腿、高级皮艺软包
风格：现代简约

编号：椅 38
品牌：collinet-sieges
规格：L600mm×W550mm×H810mm
材质：实木框架、橡木腿、高级布艺软包
风格：现代简约

椅凳

编号：椅 40
品牌：Covet
规格：L550mm × W500mm × H750mm
材质：不锈钢镀钛、高级布艺软包
风格：现代轻奢

编号：椅 39
品牌：collinet-sieges
规格：L500mm × W550mm × H880mm
材质：实木框架、橡木腿、高级布艺软包
风格：新古典

编号：椅 41
品牌：driade
规格：L700mm × W760mm × H1200mm
材质：热弯板、高级皮艺软包
风格：现代简约

编号：椅 42
品牌：Frag
规格：L530mm × W570mm × H850mm
材质：实木框架、胡桃木腿、高级皮艺软包
风格：现代简约

编号：椅 43
品牌：HC28
规格：L550mm × W605mm × H750mm
材质：实木框架、胡桃木腿、高级皮艺软包
风格：现代简约

编号：椅 44
品牌：kassavello
规格：L550mm × W490mm × H750mm
材质：不锈钢框架、高级布艺软包
风格：现代轻奢

编号：椅 45
品牌：Minotti
规格：L640mm×W580mm×
　　　H740mm
材质：实木框架、橡木腿、高级
　　　皮艺软包
风格：现代简约

编号：椅 46
品牌：munna
规格：L560mm×W630mm×
　　　H770mm
材质：实木框架、高级布艺软包
风格：现代简约

编号：椅 47
品牌：OKHA
规格：L534mm×W600mm×
　　　H840mm
材质：实木框架、橡木腿、高级皮
　　　艺软包
风格：现代简约

编号：椅 48
品牌：Ottiu
规格：L580mm×W600mm×H810mm
材质：实木框架、核桃木腿、抛光黄铜脚、
　　　高级丝绒软包
风格：现代简约

编号：椅 49
品牌：Ottiu
规格：L580mm×W640mm×H810mm
材质：实木框架、核桃木腿、抛光黄铜脚、高级丝绒软包
风格：现代简约

编号：椅 50
品牌：Ottiu
规格：L580mm×W640mm×H810mm
材质：实木框架、抛光黄铜脚、高级丝绒软包
风格：现代简约

椅凳

编号：椅 51
品牌：Ottiu
规格：L520mm × W570mm ×
　　　H840mm
材质：实木框架、核桃木腿、抛光
　　　黄铜脚、高级丝绒软包
风格：简约现代

编号：椅 52
品牌：Ottiu
规格：L550mm × W580mm ×
　　　H740mm
材质：实木框架、核桃木腿、抛光
　　　黄铜脚、高级丝绒软包
风格：现代简约

编号：椅 53
品牌：PEDRACI
规格：L590mm × W590mm ×
　　　H820mm
材质：实木框架、高级皮艺软包、
　　　不锈钢脚
风格：现代简约

编号：椅 54
品牌：POLTRONA FRAU
规格：L540mm × W560mm ×
　　　H810mm
材质：热弯板、橡木腿、高级布艺
　　　软包
风格：现代简约

编号：椅 55
品牌：Stellar Works
规格：L537mm × W511mm ×
　　　H810mm
材质：实木框架、胡桃木腿、高级
　　　皮艺软包、黄铜扶手
风格：现代简约

编号：椅 56
品牌：WIENER GTV DESIGN
规格：L540mm × W500mm ×
　　　H800mm
材质：实木框架、编织材料
风格：现代简约

编号：椅 57
品牌：多少
规格：L540mm × W560mm ×
　　　H800mm
材质：胡桃木、高级布艺软包
风格：新中式
参考价：3589 元

编号：椅 58
品牌：木美
规格：L480mm × W530mm ×
　　　H840mm
材质：胡桃木、高级布艺软包、黄
　　　铜脚
风格：现代简约
参考价：6890 元

编号：椅 59
品牌：木美
规格：L530mm × W490mm ×
　　　H890mm
材质：胡桃木、高级皮艺软包
风格：新中式

编号：椅 60
品牌：素壳
规格：L710mm × W610mm ×
　　　H640mm
材质：不锈钢框架、高级布艺软包
风格：新中式
参考价：8600 元

编号：椅 61
品牌：漾美
规格：L480mm × W500mm ×
　　　H880mm
材质：胡桃木、高级皮艺软包
风格：现代简约

编号：椅 62
品牌：高级定制
规格：L500mm × W550mm ×
　　　H850mm
材质：胡桃木、高级皮艺软包
风格：现代简约

编号：椅 63
品牌：高级定制
规格：L600mm × W620mm ×
　　　H780mm
材质：金属框架、高级布艺软包
风格：现代简约

椅凳

编号：椅64
品牌：高级定制
规格：L560mm×W600mm×
　　　H755mm
材质：金属框架、亚光烤漆腿、高
　　　级布艺软包
风格：现代简约

编号：椅65
品牌：FENDI
规格：L540mm×W580mm×
　　　H800mm
材质：金属框架、高级布艺软包
风格：现代简约

编号：椅66
品牌：高级定制
规格：L570mm×W580mm×
　　　H780mm
材质：实木框架、高级布艺软包
风格：现代简约

编号：椅67
品牌：grado
规格：L530mm×W550mm×H800mm
材质：金属框架、热弯板
风格：现代简约
参考价：1099元

编号：椅68
品牌：HC28
规格：L580mm×W570mm×H760mm
材质：实木框架、烤漆、高级布艺软包
风格：新中式

编号：椅69
品牌：LaCividina
规格：L550mm×W580mm×
　　　H750mm
材质：金属框架、热弯板、超纤皮
风格：现代简约

编号：椅 71
品牌：SICIS
规格：L500mm × W550mm ×
　　　H950mm
材质：实木框架、烤漆、黄铜脚、高
　　　级布艺软包
风格：现代简约

编号：椅 70
品牌：rochebobois
规格：L500mm × W550mm ×
　　　H830mm
材质：实木框架、高级布艺软包
风格：现代简约

编号：椅 72
品牌：TRUSSARDI
规格：L670mm × W540mm ×
　　　H810mm
材质：热弯板、高级皮艺软包
风格：现代简约

编号：椅 73
品牌：高级定制
规格：L620mm × W850mm ×
　　　H600mm
材质：热弯板、橡木腿、高级布艺软包
风格：现代简约

编号：椅 74
品牌：南谷
规格：L505mm × W638mm ×
　　　H886mm
材质：胡桃木、高级布艺软包
风格：新中式
参考价：6500 元

编号：椅 75
品牌：素壳
规格：L570mm × W620mm × H850mm
材质：实木框架、黄铜脚、高级皮艺软包
风格：新中式
参考价：6980 元

2 沙发

编号：沙发 1
品牌：高级定制
规格：L1100mm × W780mm × H670mm
材质：胡桃木、编织材料、高级布艺软包
风格：新中式

编号：沙发 2
品牌：高级定制
规格：L680mm × W760mm × H780mm
材质：实木框架、PU 软包
风格：现代简约

编号：沙发 3
品牌：caracole
规格：L720mm × W780mm × H780mm
材质：实木框架、黑色亚光漆、金属脚、
　　　高级布艺软包
风格：新中式

编号：沙发 4
品牌：高级定制
规格：L700mm × W680mm ×
　　　H800mm
材质：实木框架、黑色亚光漆、PU 软包
风格：现代简约

编号：沙发 5
品牌：&tradition
规格：L1000mm × W840mm × H750mm
材质：热弯板、黑色电镀金属框架、高级
　　　布艺软包
风格：现代简约

编号：沙发 6
品牌：CECCOTTI
规格 L1800mm × W680mm ×
　　　H760mm
材质：胡桃木、高级布艺软包
风格：现代简约
参考价：8200 元

编号：沙发 7
品牌：GIORGETTI
规格：L3200mm × W880mm × H820mm
材质：实木框架、高级布艺软包
风格：现代简约

编号：沙发 8
品牌：ESSENTIAL HOME
规格：L803mm × W726mm × H625mm
材质：实木框架、不锈钢镀铜、高级皮艺软包
风格：现代奢华

编号：沙发 9
品牌：ESSENTIAL HOME
规格：L2160mm×W740mm×H769mm
材质：实木框架、胡桃木贴皮、不锈钢镀铜、高
　　　级皮艺软包
风格：现代简约

编号：沙发 10
品牌：FENDI
规格：L800mm×W720mm×H700mm
材质：实木框架、黄铜底座、高级布艺软包
风格：现代轻奢

编号：沙发 11
品牌：HC28
规格：L1020mm×W850mm×H780mm
材质：不锈钢电镀金属框架、头层牛皮软包
风格：现代简约

编号：沙发 12
品牌：HC28
规格：L2700mm×W865mm×
　　　H780mm
材质：实木框架、橡木贴皮、高
　　　级布艺软包
风格：现代简约

编号：沙发 13
品牌：MAMBO
规格：L2000mm×W950mm×
　　　H870mm
材质：实木框架、黄铜底座、高级
　　　布艺软包
风格：现代轻奢

编号：沙发 14
品牌：MODESIGN
规格：L3170mm×W950mm×H700mm
材质：实木框架、橡木贴皮、高级布艺软包
风格：现代简约

编号：沙发 15
品牌：Octavio
规格：L760mm×W810mm×H810mm
材质：实木框架、金属镀钛、黑色亚光漆、
　　　高级布艺软包
风格：现代简约

沙发

编号：沙发 16
品牌：Poliform
规格：L2250mm × W1000mm × H800mm
材质：实木框架、金属脚、高级布艺软包
风格：现代简约

编号：沙发 17
品牌：WIENER GTV DESIGN
规格：L1600mm × W840mm × H760mm
材质：实木框架、黑色亚光漆、编织材料、高级布艺软包
风格：新中式

编号：沙发 18
品牌：WIENER GTV DESIGN
规格：L1450mm × W860mm × H1160mm
材质：实木框架、黑色亚光漆、编织材料、高级布艺软包
风格：新中式

编号：沙发 19
品牌：多少
规格：L2300mm × W810mm × H800mm
材质：北美黑胡桃木、高级布艺软包
风格：新中式
参考价：9150 元

编号：沙发 20
品牌：多少
规格：L2756mm × W910mm × H1050mm
材质：北美黑胡桃木、碳化竹、高级布艺软包
风格：新中式
参考价：34950 元

编号：沙发 21
品牌：木美
规格：L2700mm × W890mm × H950mm
材质：核桃木、高级布艺软包
风格：新中式
参考价：82600 元

编号：沙发 22
品牌：木美
规格：L2180mm × W900mm × H730mm
材质：实木框架、金属脚、高级皮艺软包
风格：现代简约
参考价：65000 元

编号：沙发 23
品牌：木美
规格：L1100mm × W890mm × H1260mm
材质：实木框架、高级皮艺软包
风格：现代简约
参考价：44660 元

编号：沙发 24
品牌：木美
规格：L2180mm × W830mm × H650mm
材质：胡桃木、金属脚、高级布艺软包
风格：现代简约
参考价：28950 元

编号：沙发 25
品牌：木美
规格：D1500mm × H750mm
材质：实木框架、高级布艺软包
风格：现代简约
参考价：26260 元

编号：沙发 26
品牌：锐驰
规格：L1070mm × W880mm × H740mm
材质：实木框架、金属脚、高级布艺 / 皮艺软包
风格：现代简约

编号：沙发 27
品牌：素壳
规格：L990mm × W970mm × H760mm
材质：实木框架、高级布艺软包
风格：新中式
参考价：6300 元

沙发

编号：沙发28
品牌：漾美
规格：L880mm × W970mm × H1000mm
材质：胡桃木、黄铜、牛皮面料
风格：现代简约

编号：沙发29
品牌：高级定制
规格：L2100mm × W900mm × H750mm
材质：实木框架、橡木贴皮、高级布艺软包
风格：现代简约

编号：沙发30
品牌：高级定制
规格：L2200mm × W930mm × H780mm
材质：实木框架、黑色亚光漆腿、高级丝绒软包
风格：现代简约

编号：沙发31
品牌：高级定制
规格：L3500mm × W1600mm ×
　　　H890mm
材质：实木框架、黑色亚光漆腿、
　　　高级丝绒软包
风格：现代简约

编号：沙发32
品牌：高级定制
规格：L2000mm × W900mm × H700mm
材质：实木框架、黑色不锈钢腿、高级皮艺软包
风格：现代简约

编号：沙发33
品牌：高级定制
规格：L2100mm × W900mm × H750mm
材质：实木框架、不锈钢腿、高级布艺软包
风格：现代简约

编号：沙发 34
品牌：rochebobois
规格：L1980mm×W1230mm×H800mm
材质：实木框架、高级布艺软包
风格：现代简约

编号：沙发 35
品牌：高级定制
规格：L2100mm×W850mm×H840mm
材质：实木框架、不锈钢镀铜、高级丝绒软包
风格：新古典

编号：沙发 36
品牌：Minotti
规格：L1560mm×W870mm×H780mm
材质：实木框架、胡桃木腿、高级布艺软包
风格：现代简约

编号：沙发 37
品牌：高级定制
规格：L2200mm×W850mm×H760mm
材质：实木框架、黑色亚光漆、高级丝绒软包
风格：现代简约

编号：沙发 38
品牌：高级定制
规格：L2100mm×W900mm×H780mm
材质：实木框架、不锈钢镀铜、高级布艺软包
风格：现代简约

编号：沙发 39
品牌：高级定制
规格：L1780mm×W920mm×H710mm
材质：实木框架、胡桃木腿、高级布艺软包
风格：现代简约

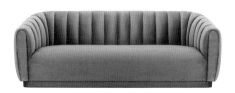

编号：沙发 40
品牌：高级定制
规格：L2200mm×W960mm×H830mm
材质：实木框架、高级丝绒软包
风格：现代简约

沙发

编号：沙发 41
品牌：高级定制
规格：L2740mm × W910mm × H760mm
材质：实木框架、不锈钢镀铜、高级丝绒软包
风格：现代轻奢

编号：沙发 42
品牌：高级定制
规格：L690mm × W810mm × H840mm
材质：实木框架、樱桃木腿、高级丝绒软包
风格：新古典

编号：沙发 43
品牌：高级定制
规格：L2000mm × W840mm × H800mm
材质：实木框架、黑色亚光漆、高级布艺软包
风格：现代简约

编号：沙发 44
品牌：高级定制
规格：L1980mm × W960mm × H810mm
材质：实木框架、褐色亚光漆、高级布艺软包
风格：现代简约

编号：沙发 45
品牌：高级定制
规格：L2000mm × W780mm × H660mm
材质：实木框架、黑色亚光漆、高级布艺软包
风格：新中式

编号：沙发 46
品牌：高级定制
规格：L2000mm × W800mm ×
　　　H800mm
材质：实木框架、黑色亚光漆、高级
　　　布艺软包
风格：现代简约

编号：沙发 47
品牌：高级定制
规格：L2000mm×W970mm×H880mm
材质：实木框架、褐色亚光漆、高级布艺软包
风格：新古典

编号：沙发 48
品牌：高级定制
规格：L2200mm×W880mm×H880mm
材质：实木框架、黑色亚光漆、高级布艺软包
风格：现代简约

编号：沙发 49
品牌：高级定制
规格：L2200mm×W900mm×H770mm
材质：实木框架、黑色亚光漆、高级布艺软包
风格：港式

编号：沙发 50
品牌：高级定制
规格：L2200mm×W920mm×H780mm
材质：实木框架、黑色亚光漆、高级布艺软包
风格：港式

编号：沙发 51
品牌：高级定制
规格：L2200mm×W920mm×H780mm
材质：实木框架、黑色亚光漆、高级布艺软包
风格：港式

编号：沙发 52
品牌：高级定制
规格：L2330mm×W1000mm×H740mm
材质：实木框架、黑色不锈钢腿、高级布艺软包
风格：现代简约

编号：沙发 53
品牌：高级定制
规格：L2400mm × W800mm × H700mm
材质：胡桃木、高级布艺软包
风格：现代简约

编号：沙发 54
品牌：高级定制
规格：L2400mm × W890mm × H660mm
材质：实木框架、不锈钢镀铜、高级丝绒软包
风格：现代轻奢

编号：沙发 55
品牌：高级定制
规格：L2400mm × W1100mm × H760mm
材质：实木框架、胡桃木、不锈钢镀铜、高级布艺软包
风格：现代简约

编号：沙发 57
品牌：高级定制
规格：L2500mm × W840mm × H780mm
材质：实木框架、胡桃木腿、不锈钢镀铜、高级丝绒
　　　软包
风格：现代轻奢

编号：沙发 56
品牌：高级定制
规格：L2430mm × W860mm × H710mm
材质：实木框架、不锈钢镀钛腿、高级布艺软包
风格：新古典

编号：沙发 58
品牌：高级定制
规格：L2500mm × W1000mm ×
　　　H740mm
材质：原木、不锈钢镀钛腿、高级布艺
　　　软包
风格：现代简约

编号：沙发 59
品牌：高级定制
规格：L2540mm×W990mm×H760mm
材质：实木框架、胡桃木腿、高级布艺软包
风格：现代简约

编号：沙发 60
品牌：高级定制
规格：L2600mm×W1100mm×H740mm
材质：实木框架、胡桃木腿、高级布艺软包
风格：现代简约

编号：沙发 61
品牌：高级定制
规格：L2600mm×W1150mm×H780mm
材质：实木框架、橡木腿、高级丝绒软包
风格：现代轻奢

编号：沙发 62
品牌：高级定制
规格：L2740mm×W910mm×H860mm
材质：实木框架、不锈钢镀铜腿、高级丝
　　　绒软包
风格：现代轻奢

编号：沙发 63
品牌：高级定制
规格：L2800mm×W890mm×H830mm
材质：实木框架、橡木腿、高级丝绒软包
风格：现代简约

编号：沙发 64
品牌：高级定制
规格：L3050mm×W840mm×H790mm
材质：实木框架、樱桃木贴皮、高级布艺软包
风格：新古典

沙发

编号：沙发 65
品牌：adrenalina
规格：L3000mm × W1000mm × H970mm
材质：实木框架、高级丝绒软包
风格：现代简约

编号：沙发 66
品牌：B & B
规格：L2250mm × W1020mm × H870mm
材质：实木框架、不锈钢镀钛腿、高级布艺软包
风格：现代简约

编号：沙发 67
品牌：高级定制
规格：L2200mm × W900mm × H800mm
材质：实木框架、高级丝绒软包
风格：现代简约

编号：沙发 68
品牌：Baker
规格：L2273mm × W1003mm × H864mm
材质：实木框架、胡桃木腿、高级布艺软包
风格：现代经典

编号：沙发 69
品牌：caracole
规格：L730mm × W940mm × H710mm
材质：实木框架、胡桃木腿、高级布艺软包
风格：新古典
参考价：9510 元

编号：沙发 70
品牌：caracole
规格：L1900mm × W910mm × H810mm
材质：实木框架、香槟金漆擦色、高级布艺软包
风格：新古典
参考价：22815 元

编号：沙发 71
品牌：caracole
规格：L1980mm×W930mm×H760mm
材质：实木框架、黑色亚光漆、铜配件、高级布艺软包
风格：新中式
参考价：17924 元

编号：沙发 72
品牌：caracole
规格：L2160mm×W890mm×H740mm
材质：实木框架、香槟金漆、高级布艺软包
风格：新古典
参考价：24236 元

编号：沙发 73
品牌：caracole
规格：L2160mm×W990mm×H740mm
材质：实木框架、胡桃木腿、高级布艺软包
风格：新古典
参考价：19473 元

编号：沙发 74
品牌：caracole
规格：L2300mm×W960mm×H810mm
材质：实木框架、象牙白擦色、高级布艺软包
风格：法式
参考价：20480 元

编号：沙发 75
品牌：Ditre Italia
规格：L2300mm×W950mm×H800mm
材质：实木框架、橡木腿、高级布艺软包
风格：现代简约

编号：沙发 76
品牌：driade
规格：L2300mm×W1630mm×H1020mm
材质：实木框架、高级布艺软包
风格：现代简约

编号：沙发 77
品牌：FLEXFORM
规格：D1600mm × H1200mm
材质：实木框架、橡木扶手、高级
　　　布艺软包
风格：现代简约

编号：沙发 78
品牌：GIORGETTI
规格：L1780mm × W920mm × H710mm
材质：实木框架、胡桃木腿、高级布艺软包
风格：现代简约

编号：沙发 79
品牌：HAY
规格：L2500mm × W880mm × H810mm
材质：粉末涂层钢框架、高级布艺软包
风格：现代简约
参考价：17255 元

编号：沙发 80
品牌：HERMÈS
规格：L2300mm × W920mm × H820mm
材质：胡桃木、编织材料、高级布艺 / 皮艺软包
风格：现代简约

编号：沙发 81
品牌：高级定制
规格：L2200mm × W910mm × H820mm
材质：实木框架、不锈钢镀钛、高级布艺软包
风格：现代简约

编号：沙发 82
品牌：LEXINGTON
规格：L2280mm × W910mm × H860mm
材质：实木框架、不锈钢镀铜、高级布艺软包
风格：现代简约
参考价：20311 元

编号：沙发 83
品牌：LuxDeco
规格：L2600mm × W1050mm × H850mm
材质：实木框架、不锈钢镀铜、高级皮艺软包
风格：现代轻奢

编号：沙发 84
品牌：LuxDeco
规格：L2520mm × W1000mm × H850mm
材质：实木框架、高级布艺软包
风格：新古典

编号：沙发 86
品牌：Minotti
规格：L2040mm × W1730mm ×
　　　H740mm
材质：实木框架、不锈钢镀钛、高
　　　级布艺软包
风格：现代简约

编号：沙发 85
品牌：LuxDeco
规格：L1930mm × W910mm × H830mm
材质：实木框架、胡桃木、高级布艺软包
风格：新古典

编号：沙发 87
品牌：MOBI
规格：L2200mm × W900mm × H780mm
材质：实木框架、胡桃木腿、高级布艺软包
风格：新古典

编号：沙发 88
品牌：moooi
规格：L2300mm × W690mm × H720mm
材质：实木框架、不锈钢镀钛、高级布艺软包
风格：现代简约
参考价：39440 元

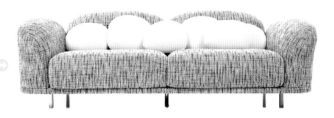

沙发

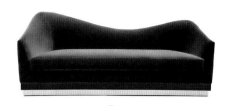

编号：沙发 89
品牌：munna
规格：L2800mm×W1030mm×H830mm
材质：实木框架、高级丝绒软包
风格：新古典

编号：沙发 90
品牌：munna
规格：L2400mm×W950mm×H950mm
材质：实木框架、胡桃木、金属镀铜、高级丝绒软包
风格：现代轻奢

编号：沙发 91
品牌：munna
规格：L2830mm×W1000mm×H910mm
材质：实木框架、流苏、高级丝绒软包
风格：现代轻奢

编号：沙发 92
品牌：PUNT
规格：L2380mm×W900mm×
H890mm
材质：实木框架、橡木、高级丝绒软包
风格：现代简约

编号：沙发 93
品牌：savoi
规格：L2400mm×W910mm×
H900mm
材质：实木框架、金属脚、高级丝
绒软包
风格：现代轻奢

编号：沙发 94
品牌：Stellar Works
规格：L2300mm×W903mm×
H780mm
材质：粉末涂层钢框架、高级布艺
软包
风格：现代简约

编号：边几 28
品牌：ESSENTIAL HOME
规格：D350mm × H550mm
材质：大理石、金属
风格：现代轻奢

编号：边几 29
品牌：garde
规格：D450mm × H550mm
材质：实木烤漆、大理石台面
风格：现代简约

编号：边几 30
品牌：HC28
规格：L800mm × W600mm × H550mm
材质：不锈钢镀钛底架、烤漆台面
风格：现代简约

编号：边几 31
品牌：HC28
规格：D400mm × H550mm　D400mm × H450mm
　　　D400mm × H350mm
材质：分色烤漆
风格：现代简约

编号：边几 32
品牌：LaChance
规格：D350mm × H200mm　D230mm × H260mm
　　　D200mm × H230mm
材质：金属、大理石
风格：现代简约

编号：边几 33
品牌：PONT DES ARTS
规格：L500mm × W500mm × H650mm
材质：不锈钢镀钛底架、大理石台面
风格：现代轻奢

桌几

编号：边几 34
品牌：vitra.
规格：D330mm ×
　　　H380mm
材质：实木
风格：现代简约

编号：边几 35
品牌：多少
规格：D400mm × H500mm
材质：黑胡桃木、不锈钢镀钛
　　　底架、茶色玻璃
风格：新中式
参考价：4950 元

编号：边几 36
品牌：木美
规格：L400mm × W300mm × H720mm
　　　D300mm × H510mm
　　　D350mm × H420mm
材质：金属、大理石
风格：现代简约
参考价：7750 元
　　　　5750 元
　　　　5750 元

编号：边几 37
品牌：锐驰
规格：D580mm × H520mm　　D830mm × H380mm
材质：金属底盘、大理石台面
风格：现代简约

编号：边几 38
品牌：rochebobois
规格：D370mm × H480mm
材质：陶瓷
风格：现代简约

编号：边几 39
品牌：rochebobois
规格：D400mm × H440mm
材质：陶瓷
风格：现代简约

编号：边几 40
品牌：rochebobois
规格：D400mm × H500mm
材质：金漆
风格：现代简约

茶几

编号：茶几 1
品牌：高级定制
规格：D1200mm×H380mm
材质：不锈钢镀钛底架、大理石台
　　　面、实木包边
风格：现代简约
参考价：7100 元

编号：茶几 2
品牌：高级定制
规格：L1100mm×W800mm×H400mm
材质：不锈钢镀钛底架、玻璃或大理石台面
风格：现代轻奢

编号：茶几 3
品牌：高级定制
规格：L1200mm×W650mm×H430mm
材质：不锈钢镀钛底架、大理石台面
风格：现代轻奢

编号：茶几 4
品牌：高级定制
规格：L1000mm×W600mm×
　　　H400mm
材质：不锈钢镀钛底架、大理石台面
风格：现代简约

编号：茶几 5
品牌：住逻辑
规格：D1100mm×H400mm
材质：不锈钢镀钛底座、大理石台面
风格：现代轻奢
参考价：4215 元

编号：茶几 6
品牌：住逻辑
规格：L1150mm×W1000mm×H430mm
材质：金属、大理石
风格：现代轻奢
参考价：6667 元

桌几

编号：茶几 7
品牌：住逻辑
规格：D800mm×H290mm
材质：不锈钢镀钛底架、工艺玻璃
风格：现代简约
参考价：2668 元

编号：茶几 8
品牌：高级定制
规格：D980mm×H400mm
材质：不锈钢镀钛底架、大理石台面
风格：现代轻奢

编号：茶几 9
品牌：高级定制
规格：L1100mm×W600mm×H420mm
材质：不锈钢镀钛、烤漆腿、大理石台面
风格：现代简约

编号：茶几 10
品牌：高级定制
规格：L1200mm×W680mm×H350mm
材质：实木框架、胡桃木贴皮、皮革硬包
风格：现代简约

编号：茶几 11
品牌：高级定制
规格：D900mm×H420mm
材质：实木框架、金属包边底座、大理石台面
风格：现代轻奢

编号：茶几 12
品牌：高级定制
规格：D1000mm×H450mm
　　　D660mm×H380mm
材质：大理石拼接
风格：现代简约

编号：茶几 13
品牌：高级定制
规格：D1200mm×H400mm
材质：黑色烤漆、黑檀贴皮、金属脚
风格：现代轻奢

编号：茶几 14
品牌：高级定制
规格：L900mm×W900mm×H380mm
材质：黑色亚光漆、大理石台面
风格：新中式

编号：茶几 16
品牌：高级定制
规格：D1000mm×
　　　H450mm
材质：烤漆、大理石
风格：现代简约

编号：茶几 17
品牌：高级定制
规格：D1000mm×
　　　H400mm
材质：不锈钢镀钛底架、
　　　茶色玻璃
风格：现代简约

编号：茶几 15
品牌：高级定制
规格：D800mm×H400mm
材质：不锈钢镀钛底架、胡桃木贴皮台面
风格：现代简约

编号：茶几 18
品牌：高级定制
规格：D1100mm×H400mm
材质：树脂、牛骨
风格：现代简约

编号：茶几 19
品牌：B&B
规格：D520mm×H460mm
材质：不锈钢镀钛底架、古铜色台面
风格：现代简约

桌几

桌几

编号： 茶几 20
品牌： FENDI
规格： L1600mm × W1000mm × H400mm
材质： 烤漆、黑檀贴皮、金漆
风格： 现代轻奢

编号： 茶几 21
品牌： GABRIEL SCOTT
规格： D700mm × H400mm
材质： 金属腿、大理石台面
风格： 现代轻奢

编号： 茶几 22
品牌： GABRIEL
规格： D900mm × H350mm
材质： 不锈钢镀钛底架、大理石台面
风格： 现代轻奢

编号： 茶几 23
品牌： GIORGETTI
规格： L1300mm × W600mm × H380mm
　　　 L800mm × W450mm × H550mm
材质： 核桃木、金属
风格： 现代简约

编号： 茶几 24
品牌： HC28
规格： L1700mm × W600mm × H350mm
材质： 冷衫木、黑色高光烤漆
风格： 现代简约

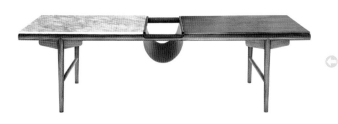

编号： 茶几 25
品牌： HC28
规格： L1400mm × W600mm × H380mm
材质： 胡桃木、拉丝黄铜脚、牛皮、大理石
　　　 台面
风格： 新中式

桌几

编号：茶几 26
品牌：HC28
规格：D1000mm×H350mm
材质：橡木贴皮、大理石面
风格：现代简约

编号：茶几 27
品牌：HC28
规格：L1000mm×W500mm×H250mm
　　　L1000mm×W1000mm×H250mm
材质：实木框架、亚光漆、橡木贴皮
风格：现代简约

编号：茶几 28
品牌：HC28
规格：L994mm×W949mm×H405mm
材质：亚光漆、胡桃木台面
风格：现代简约

编号：茶几 29
品牌：ligne roset
规格：L1000mm×W1000mm×H350mm
材质：不锈钢镀钛框架、大理石、黑色玻璃
风格：现代简约

编号：茶几 30
品牌：Mambo Unlimited Ideas
规格：L1200mm×W700mm×H350mm
材质：大理石
风格：现代轻奢

编号：茶几 31
品牌：nube
规格：L1000mm×W1000mm×H450mm
材质：不锈钢镀钛框架、大理石台面
风格：现代轻奢

编号：茶几 32
品牌：porada
规格：D800mm×H380mm
材质：胡桃木腿、大理石台面
风格：现代简约

编号：茶几 33
品牌：多少
规格：L534mm×W589mm×H580mm
材质：胡桃木
风格：新中式
参考价：15000 元

编号：茶几 34
品牌：多少
规格：D1000mm×H314mm　D600mm×H464mm
　　　D800mm×H380mm
材质：胡桃木、金属、人造石
风格：新中式
参考价：12000 元　5200 元　7000 元

编号：茶几 35
品牌：多少
规格：L838mm×W613mm×H385mm
　　　（单个尺寸）
材质：胡桃木、钢化玻璃
风格：新中式

编号：茶几 36
品牌：木美
规格：D1200mm×H400mm
材质：胡桃木、钢化玻璃
风格：现代中式
参考价：27330 元

编号：茶几 37
品牌：木美
规格：L1200mm×W1200mm×H210mm
材质：实木烤漆、金属脚
风格：现代中式
参考价：11340 元

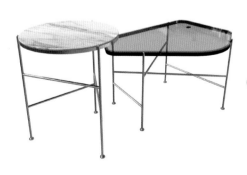

编号：茶几 38
品牌：木美
规格：D400mm×H480mm
　　　L680mm×W480mm×H380mm
材质：不锈钢镀钛底架、大理石、钢化玻璃
风格：现代简约
参考价：5225 元
　　　8470 元

编号：茶几 39
品牌：锐驰
规格：L1000mm×W1000mm×H350mm
　　　L900mm×W900mm×H280mm
材质：不锈钢镀钛框架、皮革硬包
风格：现代简约

编号：茶几 40
品牌：素壳
规格：L1400mm×W950mm×H450mm
材质：胡桃木、烤漆、大理石
风格：新中式
参考价：35890 元

书桌

编号：书桌 1
品牌：高级定制
规格：L1200mm×W650mm×H850mm
材质：不锈钢镀钛底架、珍珠木贴皮
风格：现代轻奢

编号：书桌 2
品牌：高级定制
规格：L1400mm×W700mm×H750mm
材质：不锈钢镀钛底架、胡桃木贴皮
风格：现代简约

编号：书桌 3
品牌：高级定制
规格：L1400mm×W700mm×H750mm
材质：不锈钢镀钛框架、皮革硬包
风格：现代轻奢

桌几

编号：书桌 4
品牌：高级定制
规格：L1400mm×W800mm×H850mm
材质：不锈钢镀钛底架、橡木贴皮、皮革硬包
风格：现代简约

编号：书桌 5
品牌：高级定制
规格：L1350mm×W650mm×H760mm
材质：不锈钢镀钛底架、亚光漆
风格：现代简约

编号：书桌 6
品牌：高级定制
规格：L1350mm×W650mm×H830mm
材质：实木框架、黑檀贴皮、亚光漆
风格：现代简约

编号：书桌 7
品牌：高级定制
规格：L1400mm×W700mm×H760mm
材质：不锈钢镀钛底架、亚光漆
风格：美式

编号：书桌 8
品牌：高级定制
规格：L1250mm×W650mm×H760mm
材质：实木框架、亚光漆
风格：现代简约

编号：书桌 9
品牌：高级定制
规格：L1200mm×W650mm×H850mm
材质：东南亚进口橡胶木
风格：现代简约

编号：书桌 10
品牌：Cattelan Italia
规格：L1350mm×W450mm×H750mm
材质：实木框架、胡桃木贴皮、烤漆
风格：现代简约

编号：书桌 11
品牌：Cattelan Italia
规格：L2150mm×W1000mm×
　　　H750mm
材质：胡桃木、金属腿
风格：现代简约

编号：书桌 12
品牌：CECCOTTI
规格：L2400mm×W1070mm×H750mm
材质：胡桃木、枫木、钢化玻璃
风格：现代简约

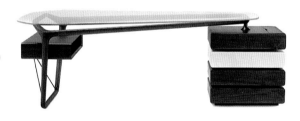

编号：书桌 13
品牌：CECCOTTI
规格：L1870mm×W870mm×H750mm
材质：胡桃木、皮艺
风格：现代简约

桌几

编号：书桌 14
品牌：Flou
规格：L1500mm × W680mm ×
　　　H840mm
材质：榉木框架、大理石台面、皮艺
风格：现代简约

编号：书桌 15
品牌：GIORGETTI
规格：L1200mm × W640mm ×
　　　H860mm
材质：胡桃木、皮艺
风格：现代简约

编号：书桌 16
品牌：GIORGETTI
规格：L1500mm × W605mm ×
　　　H780mm
材质：胡桃木、皮艺
风格：现代简约

编号：书桌 17
品牌：Poliform
规格：L1400mm × W650mm × H750mm
材质：实木烤漆、皮艺
风格：现代简约

编号：书桌 18
品牌：欧罗
规格：L1500mm × W600mm × H760mm
材质：橡木、烤漆
风格：现代简约
参考价：16520 元

编号：书桌 19
品牌：高级定制
规格：L1200mm × W600mm × H750mm
材质：不锈钢镀钛底架、胡桃木贴皮、皮革硬包
风格：现代简约

编号：书桌 20
品牌：BoConcept
规格：L1700mm × W750mm × H760mm
材质：胡桃木贴皮、烤漆、不锈钢镀钛腿
风格：现代简约
参考价：12047 元

桌

编号：桌 1
品牌：住逻辑
规格：L2400mm×W1000mm×H750mm
材质：大理石、不锈钢镀钛底架
风格：现代简约
参考价：8147 元

编号：桌 2
品牌：住逻辑
规格：L2000mm×W900mm×H750mm
材质：实木框架、橡木贴皮、铁艺腿
风格：新中式
参考价：5832 元

编号：桌 3
品牌：住逻辑
规格：D1350mm×H780mm
材质：樱桃木贴皮、不锈钢镀钛底架
风格：新古典
参考价：4200 元

编号：桌 4
品牌：住逻辑
规格：D800mm×H750mm
材质：大理石台面、不锈钢镀钛框架
风格：现代轻奢
参考价：5789 元

编号：桌 5
品牌：住逻辑
规格：L2200mm×W1100mm×H750mm
材质：实木框架、胡桃木贴皮、烤漆
风格：现代简约

编号：桌 6
品牌：住逻辑
规格：L1650mm×W800mm×H750mm
材质：实木框架、胡桃木贴皮、亚光漆
风格：新中式
参考价：3339 元

桌几

编号：桌 7
品牌：高级定制
规格：D1100mm×H760mm
材质：实木框架、樱桃木贴皮、不锈钢镀钛
风格：新古典

编号：桌 9
品牌：高级定制
规格：L1600mm×W800mm×H750mm
材质：烤漆、不锈钢镀钛腿
风格：现代简约

编号：桌 8
品牌：高级定制
规格：L1600mm×W800mm×H750mm
材质：实木框架、樱桃木贴皮
风格：新中式

编号：桌 11
品牌：baxter
规格：L2900mm×W1400mm×H730mm
材质：大理石台面、黄铜腿
风格：现代轻奢

编号：桌 10
品牌：AMY SOMERVILLE
规格：D2000mm×H750mm
材质：实木框架、斑马木贴皮、黄铜包边
风格：现代轻奢

编号：桌 12
品牌：BERNHARDT
规格：L2050mm×W1130mm×H750mm
材质：胡桃木贴皮、不锈钢镀钛腿
风格：美式

编号：桌13
品牌：BERNHARDT
规格：D1500mm ×
　　　H760mm
材质：胡桃木贴皮、
　　　不锈钢镀钛腿
风格：美式

编号：桌15
品牌：BERNHARDT
规格：D1500mm × H760mm
材质：乌木底座、牛骨镶嵌
风格：美式

编号：桌14
品牌：BERNHARDT
规格：L2050mm × W1200mm × H760mm
材质：钢化玻璃台面、不锈钢镀钛腿
风格：现代轻奢

编号：桌17
品牌：Cattelan Italia
规格：D1500mm × H750mm
材质：胡桃木贴皮、大理石、不锈
　　　钢镀钛底座
风格：现代简约

编号：桌16
品牌：Cattelan Italia
规格：L2400mm × W1200mm × H750mm
材质：大理石台面、不锈钢电镀底座
风格：现代简约

编号：桌18
品牌：Cattelan Italia
规格：L2170mm × W1000mm ×
　　　H750mm
材质：胡桃木贴皮、不锈钢镀钛腿
风格：现代简约

桌几

桌几

编号：桌 19
品牌：Cattelan Italia
规格：D1600mm×H750mm
材质：大理石台面、不锈钢镀钛腿
风格：现代简约

编号：桌 20
品牌：Cattelan Italia
规格：D1600mm×H750mm
材质：胡桃木贴皮、不锈钢镀钛腿
风格：现代简约

编号：桌 22
品牌：Cattelan Italia
规格：D1600mm×H750mm
材质：大理石台面、不锈钢电镀底座
风格：现代简约

编号：桌 21
品牌：Cattelan Italia
规格：L2170mm×W1000mm×H750mm
材质：大理石台面、不锈钢镀钛腿
风格：现代简约

编号：桌 23
品牌：Cattelan Italia
规格：L2000mm×W1000mm×
    H750mm
材质：胡桃木贴皮、不锈钢镀钛腿
风格：现代简约

编号：桌 24
品牌：CECCOTTI
规格：L3000mm×W950mm×H750mm
材质：大理石台面、钢制仿古银底架
风格：现代简约

编号：桌 25
品牌：GIORGETTI
规格：L1740mm × W1650mm × H730mm
材质：大理石台面、胡桃木、皮艺
风格：现代简约

编号：桌 26
品牌：GIORGETTI
规格：L2500mm × W1280mm × H730mm
材质：钢化玻璃与实木拼接台面、皮艺硬包桌腿
风格：现代简约

编号：桌 27
品牌：GIORGETTI
规格：D1400mm × H680mm
材质：钢化玻璃台面、金属烤漆腿
风格：现代简约

编号：桌 28
品牌：GIORGETTI
规格：D1800mm × H750mm
材质：胡桃木、钢化玻璃、皮艺硬包
风格：现代简约

编号：桌 29
品牌：GIORGETTI
规格：D1800mm × H730mm
材质：大理石台面、皮艺硬包
风格：现代简约

编号：桌 30
品牌：GIORGETTI
规格：L3000mm × W1320mm × H730mm
材质：枫木拼花台面、皮艺硬包
风格：现代简约

编号：桌 31
品牌：HC28
规格：L1600mm × W1000mm ×
　　　H740mm
材质：橡木、不锈钢镀钛底架
风格：现代简约

桌几

编号：桌 32
品牌：HC28
规格：D1400mm×H760mm
材质：大理石台面、热弯板、烤漆
风格：现代简约

编号：桌 33
品牌：IL PEZZO MANCANTE
规格：D1600mm×H760mm
材质：胡桃木、不锈钢镀钛底架
风格：现代轻奢

编号：桌 34
品牌：IL PEZZO MANCANTE
规格：L2170mm×W1000mm×H750mm
材质：大理石台面，不锈钢镀钛底架
风格：现代轻奢

编号：桌 35
品牌：kassavello
规格：D1450mm×H770mm
材质：橡木、黄铜、皮艺
风格：现代轻奢
参考价：38414 元

编号：桌 36
品牌：MARIONI
规格：L2200mm×W1100mm×H750mm
材质：大理石、黄铜、烤漆
风格：现代轻奢

编号：桌 37
品牌：MODESIGN
规格：L1800mm×W1000mm×H750mm
材质：烤漆、胡桃木贴皮
风格：现代简约

编号：桌 38
品牌：Molteni&C
规格：D1600mm × H740mm
材质：曲木板、胡桃木贴皮
风格：现代简约

编号：桌 39
品牌：Molteni&C
规格：L2500mm × W1200mm × H730mm
材质：钢化玻璃台面、黄铜腿
风格：现代简约

编号：桌 40
品牌：Molteni&C
规格：L2100mm × W1100mm × H740mm
材质：橡木贴皮、不锈钢镀钛
风格：现代简约

编号：桌 41
品牌：Poliform
规格：L2600mm × W1200mm × H740mm
材质：橡木贴皮
风格：现代简约

编号：桌 42
品牌：Poliform
规格：L2200mm × W1000mm × H740mm
材质：大理石台面、橡木贴皮
风格：现代简约

编号：桌 43
品牌：VASMARA
规格：D1600mm × H750mm
材质：橡木贴皮、黄铜底座
风格：现代轻奢

桌几

编号：桌 44
品牌：多少
规格：D1600mm×H745mm
材质：胡桃木、金属、钢化玻璃
风格：新中式
参考价：26900 元

编号：桌 45
品牌：多少
规格：L2000mm×W800mm×H650mm
材质：胡桃木
风格：新中式
参考价：22000 元

编号：桌 46
品牌：卡翡亚
规格：D1700mm×H740mm
材质：橡木贴皮、大理石
风格：现代简约
参考价：25800 元

编号：桌 47
品牌：卡翡亚
规格：L1300mm×W435mm×H740mm
材质：大理石台面、橡木贴皮
风格：现代简约
参考价：13000 元

编号：桌 48
品牌：木美
规格：L1800mm×W950mm×H770mm
材质：核桃木
风格：新中式
参考价：42000 元

编号：桌 49
品牌：素壳
规格：D1600mm×H750mm
材质：胡桃木、皮艺
风格：新中式
参考价：49970 元

编号：桌 50
品牌：漾美
规格：L3000mm×W1100mm×H747mm
材质：胡桃木、黄铜
风格：现代简约

床头柜

编号：床头柜 1
品牌：高级定制
规格：L500mm × W450mm ×
　　　H550mm
材质：实木框架、不锈钢镀钛底
　　　架、皮革硬包
风格：现代轻奢

编号：床头柜 2
品牌：高级定制
规格：L600mm × W450mm ×
　　　H700mm
材质：实木框架、不锈钢镀钛、
　　　皮革硬包
风格：现代轻奢

编号：床头柜 3
品牌：baxter
规格：D560mm × H540mm
材质：不锈钢镀钛底架、皮革硬包
风格：现代轻奢

编号：床头柜 5
品牌：卡翡亚
规格：D520mm × H580mm
材质：实木框架、胡桃木贴皮、大理
　　　石烤漆台面
风格：现代简约
参考价：6600 元

编号：床头柜 4
品牌：HC28
规格：L500mm × W450mm ×
　　　H570mm
材质：胡桃木贴皮、不锈钢镀钛
　　　底架
风格：现代简约

编号：床头柜 6
品牌：VANGUARD
规格：L940mm × W480mm ×
　　　H760mm
材质：实木框架、亚光漆、不锈钢镀
　　　钛脚
风格：美式

柜架

编号：床头柜 7
品牌：高级定制
规格：L500mm × W450mm ×
　　　H650mm
材质：实木框架、亚光漆、不锈钢
　　　镀钛包边
风格：新古典、港式

编号：床头柜 8
品牌：高级定制
规格：L530mm × W400mm ×
　　　H500mm
材质：实木框架、胡桃木贴皮、不
　　　锈钢镀钛脚
风格：现代简约、港式

编号：床头柜 9
品牌：高级定制
规格：L530mm × W450mm ×
　　　H660mm
材质：实木框架、亚光漆、不锈钢
　　　镀钛脚
风格：现代简约

编号：床头柜 10
品牌：高级定制
规格：L600mm × W450mm ×
　　　H660mm
材质：实木框架、橡木贴皮、亚光
　　　漆、不锈钢镀钛脚
风格：现代简约
参考价：11300 元

编号：床头柜 13
品牌：高级定制
规格：L639mm × W422mm × H664mm
材质：实木框架、樱桃木贴皮、皮革硬包、
　　　不锈钢镀钛脚
风格：新古典

编号：床头柜 11
品牌：高级定制
规格：L600mm × W450mm ×
　　　H760mm
材质：实木框架、亚光漆、不锈钢
　　　镀钛底架
风格：现代简约

编号：床头柜 14
品牌：高级定制
规格：L650mm × W450mm ×
　　　H450mm
材质：实木框架、皮革硬包、大理石面、
　　　不锈钢镀钛底架
风格：现代轻奢

编号：床头柜 12
品牌：高级定制
规格：L630mm × W580mm ×
　　　H430mm
材质：实木框架、橡木贴皮、不锈
　　　钢镀钛脚
风格：现代简约、港式
参考价：4194 元

编号：床头柜 15
品牌：高级定制
规格：L670mm×W460mm×
　　　H680mm
材质：实木框架、水曲柳贴皮、不
　　　锈钢镀钛脚
风格：现代简约、港式

编号：床头柜 16
品牌：高级定制
规格：L700mm×W450mm×
　　　H580mm
材质：实木框架、亚光漆、不锈钢
　　　镀钛底架
风格：新古典

编号：床头柜 17
品牌：高级定制
规格：L700mm×W480mm×
　　　H710mm
材质：实木框架、樱桃木贴皮、树
　　　杈贴皮、不锈钢镀钛脚
风格：新古典

编号：床头柜 18
品牌：高级定制
规格：L700mm×W500mm×
　　　H600mm
材质：实木框架、胡桃木贴皮、不
　　　锈钢镀钛腿
风格：现代简约

编号：床头柜 19
品牌：高级定制
规格：L700mm×W400mm×
　　　H700mm
材质：实木框架、橡木贴皮、大理
　　　石拉手、不锈钢镀钛脚
风格：新中式

编号：床头柜 20
品牌：高级定制
规格：L710mm×W458mm×
　　　H674mm
材质：实木框架、黄杨木贴皮、不
　　　锈钢镀钛腿、钢化玻璃
风格：现代简约

编号：床头柜 21
品牌：高级定制
规格：L740mm×W480mm×
　　　H630mm
材质：实木框架、胡桃木贴皮、不
　　　锈钢镀钛脚及包边
风格：现代简约、港式

编号：床头柜 22
品牌：高级定制
规格：L760mm×W450mm×
　　　H700mm
材质：实木框架、亚光漆
风格：现代美式

编号：床头柜 23
品牌：高级定制
规格：L800mm×W450mm×
　　　H600mm
材质：实木框架、橡木贴皮、皮革
　　　硬包、不锈钢镀钛把手
风格：新古典、港式

编号：床头柜 24
品牌：高级定制
规格：L800mm × W600mm × H650mm
材质：不锈钢镀钛框架、橡木贴皮、钢化玻璃
风格：现代轻奢

编号：床头柜 26
品牌：高级定制
规格：L500mm × W450mm × H850mm
材质：实木框架、橡木贴皮、不锈钢镀钛底架
风格：现代简约

编号：床头柜 25
品牌：高级定制
规格：L860mm × W460mm × H810mm
材质：桦木、不锈钢镀钛腿、贝壳把手
风格：现代美式
参考价：4073 元

编号：床头柜 27
品牌：高级定制
规格：L600mm × W550mm × H550mm
材质：实木框架、胡桃木贴皮、不锈钢镀钛装饰条
风格：现代简约、港式

编号：床头柜 28
品牌：高级定制
规格：L500mm × W450mm × H600mm
材质：实木框架、胡桃木贴皮、亚光漆、不锈钢镀钛脚
风格：现代简约

编号：床头柜 29
品牌：Baker
规格：L610mm × W430mm × H710mm
材质：桃花心木、亚光漆、黄铜腿
风格：现代美式

编号：床头柜 30
品牌：Baker
规格：L610mm × W450mm × H660mm
材质：胡桃木、核桃木、黄铜底架
风格：现代美式

编号：床头柜 31
品牌：bdhome
规格：L600mm × W395mm × H639mm
材质：实木框架、樱桃木贴皮、皮革硬包
风格：现代美式
参考价：5249 元

编号：床头柜 32
品牌：FOUR CORNERS
规格：L660mm × W460mm × H700mm
材质：实木框架、樱桃木贴皮、不锈钢镀钛底架
风格：现代美式
参考价：9800 元

编号：床头柜 33
品牌：GIORGETTI
规格：L630mm×W420mm×
　　　H500mm
材质：实木框架、真皮硬包
风格：现代简约

编号：床头柜 34
品牌：高级定制
规格：L500mm×W450mm×
　　　H600mm
材质：实木框架、亚光漆、不锈钢镀
　　　钛把手
风格：港式

编号：床头柜 35
品牌：HC28
规格：L500mm×W450mm×
　　　H570mm
材质：实木框架、胡桃木贴皮、不
　　　锈钢镀钛底架
风格：新中式

柜架

编号：床头柜 36
品牌：高级定制
规格：L500mm×W450mm×
　　　H600mm
材质：实木框架、亚光漆、黑
　　　檀贴皮
风格：新古典、港式

编号：床头柜 37
品牌：Meridiani
规格：L700mm×W450mm×
　　　H500mm
材质：实木框架、亚光漆、不锈钢
　　　镀钛装饰条
风格：现代简约

编号：床头柜 38
品牌：高级定制
规格：L500mm×W450mm×
　　　H650mm
材质：实木框架、橡木贴皮、金漆、
　　　大理石台面、不锈钢镀钛底架
风格：新中式

编号：床头柜 39
品牌：高级定制
规格：L600mm×
　　　W550mm×
　　　H500mm
材质：实木框架、橡木
　　　贴皮、亚光漆、
　　　不锈钢镀钛脚
风格：新古典、港式

编号：床头柜 40
品牌：木美
规格：L570mm×
　　　W420mm×
　　　H520mm
材质：胡桃木底架、
　　　亚光漆
风格：现代简约、
　　　新中式
参考价：6530 元

柜架

柜

编号：柜 1
品牌：高级定制
规格：L960mm×W500mm×H780mm
材质：实木框架、胡桃木贴皮、手绘门、不锈钢镀钛底架
风格：ArtDeco

编号：柜 2
品牌：高级定制
规格：L800mm×W500mm×H900mm
材质：实木框架、手绘柜体、不锈钢镀钛脚
风格：ArtDeco

编号：柜 3
品牌：高级定制
规格：L1800mm×W500mm×H900mm
材质：实木框架、亚光漆、大理石把手、不锈钢镀钛脚
风格：新中式

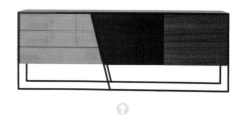

编号：柜 4
品牌：高级定制
规格：L2000mm×W430mm×H730mm
材质：实木框架、胡桃木贴皮、不锈钢镀钛底架
风格：现代简约

编号：柜 5
品牌：高级定制
规格：L1000mm×W500mm×H760mm
材质：实木框架、亚光漆、金属配件
风格：现代简约

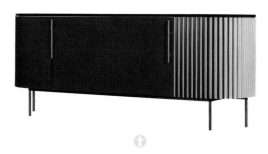

编号：柜 6
品牌：baxter
规格：L2200mm×W460mm×H870mm
材质：实木框架、亚光漆、不锈钢镀钛脚
风格：现代简约

编号：柜 8
品牌：BERNHARDT
规格：L1600mm × W500mm ×
　　　H880mm
材质：实木框架、胡桃木贴皮、不
　　　锈钢镀钛把手及包边
风格：美式

编号：柜 7
品牌：baxter
规格：L900mm × W310mm × H1510mm
材质：实木框架、胡桃木贴皮、黑檀贴皮、亚光漆、
　　　不锈钢镀钛底架
风格：现代简约

编号：柜 9
品牌：BERNHARDT
规格：L1927mm × W511mm × H813mm
材质：实木框架、胡桃木贴皮、不锈钢镀钛底架及把手
风格：美式

编号：柜 10
品牌：Cattelan Italia
规格：L2200mm × W500mm × H740mm
材质：实木框架、不锈钢镀钛柜门、亚光漆
风格：现代简约

编号：柜 11
品牌：Cattelan Italia
规格：L2200mm × W550mm × H750mm
材质：实木框架、香槟金漆
风格：现代简约

编号：柜 12
品牌：ESSENTIAL HOME
规格：L2200mm × W500mm × H780mm
材质：胡桃木、黄铜
风格：ArtDeco

柜架

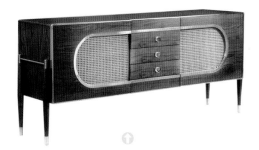

编号：柜 13
品牌：ESSENTIAL HOME
规格：L1900mm×W500mm×H800mm
材质：胡桃木、黄铜、编织材料
风格：ArtDeco

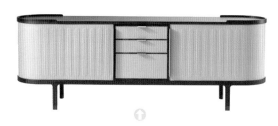

编号：柜 14
品牌：GIORGETTI
规格：L2350mm×W560mm×H800mm
材质：胡桃木、亚光漆、真皮
风格：新中式、现代简约

编号：柜 15
品牌：HC28
规格：L1200mm×W500mm×H1660mm
材质：实木框架、胡桃木贴皮、钢化玻璃、不锈
　　　钢镀钛底架
风格：现代中式、现代简约
参考价：8360 元

编号：柜 16
品牌：HC28
规格：L2100mm×W500mm×H1000mm
材质：实木框架、胡桃木贴皮、钢化玻璃、不锈
　　　钢镀钛底架
风格：现代中式、现代简约
参考价：11380 元

编号：柜 17
品牌：HC28
规格：L2200mm×W550mm×H750mm
材质：实木框架、胡桃木贴皮、钢化玻璃、不锈
　　　钢镀钛底架
风格：现代中式、现代简约
参考价：11800 元

编号：柜 18
品牌：IL PEZZO MANCANTE
规格：L2550mm×W500mm×H830mm
材质：实木框架、橡木贴皮、黄铜脚、大理
　　　石台面
风格：现代轻奢

编号：柜 19
品牌：JONATHAN ADLER
规格：L760mm×W440mm×H710mm
材质：实木框架、亚光漆、黄铜配件
风格：美式

编号：柜 20
品牌：多少
规格：L800mm×W450mm×H1100mm
材质：胡桃木、激光刻花
风格：新中式
参考价：19600 元

编号：柜 21
品牌：卡翡亚
规格：L2000mm×W450mm×H800mm
材质：实木框架、影木贴皮、不锈钢镀钛脚
风格：现代简约
参考价：22500 元

编号：柜 22
品牌：漾美
规格：L1000mm×W420mm×H550mm
材质：胡桃木、黄铜
风格：现代简约

柜架

编号：柜23
品牌：Gallotti & Radice
规格：L2400mm×W480mm×H720mm
材质：实木框架、亚光漆、不锈钢镀钛脚及包边
风格：现代美式

编号：柜25
品牌：高级定制
规格：L1350mm×W500mm×H950mm
材质：实木框架、亚光漆、不锈钢镀钛底架
风格：现代简约

编号：柜24
品牌：高级定制
规格：L1200mm×W550mm×H1750mm
材质：实木框架、胡桃木贴皮、黄铜底架、纺织品扪面
风格：现代轻奢

编号：柜26
品牌：高级定制
规格：L1500mm×W550mm×H90mm
材质：实木框架、酸洗镜面、不锈钢镀钛包边
风格：美式
参考价：21835元

编号：柜27
品牌：高级定制
规格：L1600mm×W500mm×H630mm
材质：实木框架、胡桃木贴皮、金属压纹
风格：美式

编号：柜28
品牌：高级定制
规格：L2000mm×W450mm×H760mm
材质：实木框架、印度玫瑰木贴皮、石材柜门、不锈钢镀钛
　　　把手
风格：现代简约

编号：柜 29
品牌：arketipo
规格：L2450mm×W550mm×H700mm
材质：实木框架、橡木贴皮、大理石台面、
　　　不锈钢镀钛脚
风格：现代简约

编号：柜 30
品牌：baxter
规格：L2800mm×W450mm×H760mm
材质：实木框架、胡桃木贴皮、黑檀贴皮、
　　　亚光漆、不锈钢镀钛底架
风格：现代简约

编号：柜 31
品牌：CAPITAL
规格：L220mm×D500mm×H890mm
材质：实木框架、亚光漆、不锈钢镀钛脚及把手
风格：现代轻奢、港式

编号：柜 32
品牌：caracole
规格：L1400mm×W430mm×H880mm
材质：实木框架、不锈钢镀钛柜体、石材柜面
风格：现代轻奢
参考价：23500 元

编号：柜 33
品牌：高级定制
规格：L1500mm×W450mm×H850mm
材质：实木框架、亚光漆、手绘柜门
风格：现代简约

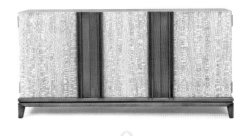

编号：柜 34
品牌：FBC London
规格：L1800mm×W500mm×H860mm
材质：实木框架、橡木贴皮水洗打磨、不锈钢镀钛底座及
　　　把手
风格：现代轻奢、港式

柜架

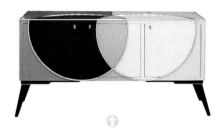

编号：柜 35
品牌：高级定制
规格：L1620mm × W515mm × H875mm
材质：实木框架、亚光漆、不锈钢镀钛装饰条
风格：ArtDeco

编号：柜 36
品牌：HEGE
规格：L2200mm × W500mm × H750mm
材质：实木框架、橡木贴皮、大理石台面、不锈钢镀钛脚
　　　及包边
风格：现代轻奢、港式

编号：柜 37
品牌：KAVANTE
规格：L1900mm × W430mm × H660mm
材质：实木框架、影木贴皮、不锈钢镀钛底座
风格：现代简约、港式

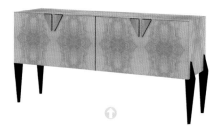

编号：柜 39
品牌：高级定制
规格：L1480mm × W485mm × H845mm
材质：石楠木、乌木、黄铜把手
风格：现代轻奢

编号：柜 38
品牌：高级定制
规格：L1100mm × W480mm × H1820mm
材质：白蜡木、乌木、不锈钢镀钛脚
风格：现代简约

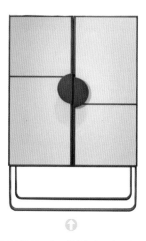

编号：柜 40
品牌：高级定制
规格：L860mm × W440mm × H1300mm
材质：实木框架、皮革硬包、不锈钢镀钛底架及包边把手
风格：现代简约

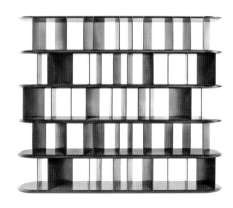

编号：架 1
品牌：CECCOTTI
规格：L1300mm×W600mm×H2190mm
材质：胡桃木、鸡翅木、枫木
风格：现代简约

编号：架 2
品牌：CECCOTTI
规格：L2180mm×W450mm×H1750mm
材质：胡桃木
风格：现代简约

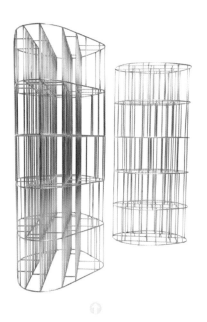

编号：架 3
品牌：CECCOTTI
规格：L1200mm×W800mm×H2000mm
材质：黄铜
风格：现代简约

编号：架 4
品牌：GIORGETTI
规格：L800mm×W320mm×H1850mm
材质：胡桃木、枫木
风格：现代简约

柜架

编号：架 5
品牌：HC28
规格：L1200mm ×
　　　W500mm ×
　　　H1900mm
材质：实木框架、胡桃
　　　木贴皮、烤漆
风格：现代简约
参考价：8300 元

编号：架 7
品牌：ligne roset
规格：L1200mm ×
　　　W450mm ×
　　　H1800mm
材质：胡桃木贴皮、
　　　烤漆
风格：现代简约

编号：架 6
品牌：JONATHAN ADLER
规格：L760mm ×
　　　W430mm ×
　　　H1820mm
材质：实木框架、亚光漆、
　　　黄铜
风格：美式

编号：架 8
品牌：MUT
规格：L800mm ×
　　　W450mm ×
　　　H2000mm
材质：实木框架、亚
　　　光漆、铁艺
风格：现代简约

编号：架 9
品牌：多少
规格：L2032mm × W350mm × H1973mm
材质：胡桃木
风格：新中式
参考价：31000 元

编号：架 10
品牌：多少
规格：L360mm×W360mm×H360mm
　　　L720mm×W330mm×H360mm（单个尺寸）
材质：胡桃木
风格：新中式
参考价：52600 元

编号：架 11
品牌：卡翡亚
规格：L2250mm×W430mm×H1820mm
材质：实木框架、胡桃木贴皮、烤漆
风格：现代简约
参考价：31000 元

编号：架 12
品牌：木美
规格：L1880mm×W390mm×H1660mm
材质：胡桃木、不锈钢镀钛配件
风格：新中式
参考价：43900 元

编号：架 13
品牌：木美
规格：L3400mm×W420mm×H2020mm
材质：胡桃木、不锈钢镀钛配件
风格：新中式
参考价：55550 元

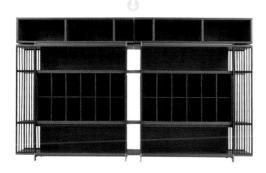

编号：架 14
品牌：高级定制
规格：L850mm×W450mm×H1860mm
材质：不锈钢镀钛框架、钢化玻璃
风格：现代轻奢

框架

编号：架 15
品牌：高级定制
规格：L1395mm × W300mm ×
　　　H650mm
材质：紫芯木、白蜡木
风格：ArtDeco

编号：架 16
品牌：高级定制
规格：L1400mm × W400mm ×
　　　H2150mm
材质：不锈钢镀钛框架
风格：现代轻奢

编号：架 17
品牌：高级定制
规格：L1200mm × W350mm ×
　　　H2080mm
材质：实木框架、胡桃木贴皮
风格：现代简约

编号：架 18
品牌：高级定制
规格：L1500mm × W300mm ×
　　　H2400mm
材质：不锈钢镀钛框架、橡木贴皮、
　　　钢化玻璃
风格：现代轻奢

编号：架 19
品牌：高级定制
规格：L1500mm × W350mm × H1900mm
材质：冬青木、黄铜
风格：现代轻奢

编号：架 20
品牌：岁悦
规格：L2000mm × W410mm × H1400mm
材质：南美紫檀、薄石板
风格：新中式

5　床

编号：床 1
品牌：高级定制
规格：L1900mm × W2100mm × H1300mm
材质：实木框架、高级丝绒软包
风格：现代美式

编号：床 2
品牌：高级定制
规格：L1900mm × W2050mm × H1500mm
材质：实木框架、高级丝绒软包
风格：现代美式

编号：床 3
品牌：ALIVAR
规格：L1920mm × W2180mm × H1000mm
材质：实木框架、橡木贴皮、高级布艺软包
风格：现代简约

编号：床 4
品牌：BERNHARDT
规格：L2080mm × W2260mm × H1720mm
材质：实木框架、高级布艺软包
风格：现代美式

编号：床 5
品牌：BERNHARDT
规格：L1900mm × W2340mm × H1820mm
材质：实木框架、高级丝绒软包
风格：现代美式

床

编号：床 6
品牌：CECCOTTI
规格：L2000mm × W2250mm × H1300mm
材质：胡桃木、高级布艺软包
风格：现代简约

编号：床 7
品牌：CECCOTTI
规格：L2500mm × W2130mm × H1040mm
材质：胡桃木
风格：现代简约

编号：床 8
品牌：GIORGETTI
规格：L2230mm × W2320mm × H1230mm
材质：胡桃木、头层牛皮软包
风格：现代简约

编号：床 9
品牌：GIORGETTI
规格：L2200mm × W2250mm × H1200mm
材质：胡桃木、高级布艺软包
风格：现代简约

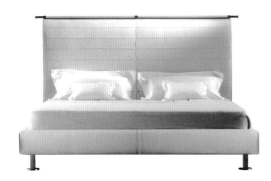

编号：床 10
品牌：GIORGETTI
规格：L1980mm × W2180mm × H1460mm
材质：胡桃木、头层牛皮软包
风格：现代简约

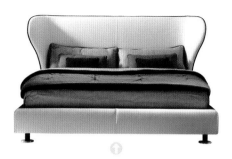

编号：床 11
品牌：GIORGETTI
规格：L2150mm × W2270mm × H1200mm
材质：实木框架、头层牛皮软包
风格：现代简约

编号：床 12
品牌：CECCOTTI
规格：L2040mm × W2180mm × H1020mm
材质：胡桃木、头层牛皮软包
风格：现代简约

编号：床 13
品牌：HC28
规格：L2210mm × W1610mm × H1200mm
材质：实木床架、高级布艺软包
风格：现代简约

编号：床 14
品牌：HC28
规格：L2115mm × W2300mm × H1400mm
材质：实木床架、胡桃木贴皮、高级布艺软包
风格：现代简约

编号：床 15
品牌：HC28
规格：L2170mm × W1770mm × H1160mm
材质：实木框架、牛皮软包
风格：现代简约

编号：床 16
品牌：HC28
规格：L2160mm × W1600mm × H1050mm
材质：实木床架、胡桃木贴皮、高级布艺软包
风格：现代简约

床

编号：床 17
品牌：LONGHI
规格：L2040mm×W2400mm×H1420mm
材质：实木框架、高级丝绒软包
风格：现代轻奢

编号：床 20
品牌：多少
规格：L1900mm×W2230mm×H1270mm
材质：胡桃木、牛皮软包
风格：新中式

编号：床 18
品牌：Molteni&C
规格：L1950mm×W2350mm×H1040mm
材质：实木框架、胡桃木贴皮、高级布艺软包
风格：现代简约

编号：床 19
品牌：Poliform
规格：L1910mm×W2280mm×H955mm
材质：实木框架、不锈钢镀钛底架、高级布艺软包
风格：现代简约

编号：床 21
品牌：木美
规格：L2780mm×W2150mm×H990mm
材质：核桃木
风格：新中式

编号：床 22
品牌：bolzan
规格：L2000mm × W2100mm × H1100mm
材质：实木框架、高级布艺软包
风格：现代简约

编号：床 23
品牌：ligne roset
规格：L2100mm × W2370mm × H1090mm
材质：实木框架、高级布艺软包
风格：现代简约

编号：床 24
品牌：POLTRONA FRAU
规格：L1920mm × W2350mm × H980mm
材质：实木框架、高级布艺真皮软包
风格：现代简约
参考价：23952 元

编号：床 25
品牌：POLTRONA FRAU
规格：L2090mm × W2290mm × H1130mm
材质：实木框架、真皮软包
风格：现代简约

编号：床 26
品牌：CANTORI
规格：L1880mm × W2300mm × H1070mm
材质：金属框架、高级布艺软包
风格：现代简约

编号：床 27
品牌：高级定制
规格：L2100mm × W2250mm × H1350mm
材质：实木框架、皮艺软包、亚光漆
风格：新古典

床

编号：床 28
品牌：高级定制
规格：L2080mm×W2200mm×H1450mm
材质：实木框架、象牙色亚光漆、高级布艺软包
风格：美式

编号：床 29
品牌：高级定制
规格：L2150mm×W2200mm×H1500mm
材质：实木框架、高级布艺软包
风格：美式

编号：床 30
品牌：B&B
规格：L2300mm×W2330mm×H1070mm
材质：实木框架、高级布艺软包
风格：现代简约

编号：床 31
品牌：BERNHARDT
规格：L2390mm×W2240mm×H1520mm
材质：实木框架、高级布艺软包
风格：美式
参考价：13958 元

编号：床 32
品牌：bolzan
规格：L2040mm×W2550mm×H1000mm
材质：实木框架、真皮软包
风格：现代简约

编号：床 33
品牌：bolzan
规格：L2200mm×W2300mm×H1000mm
材质：实木框架、不锈钢镀钛脚、高级布艺软包
风格：现代简约

编号：床 34
品牌：CANTORI
规格：L1770mm × W2110mm × H1280mm
材质：实木框架、亚光漆、高级布艺软包
风格：现代美式

编号：床 35
品牌：CANTORI
规格：L1800mm × W2250mm × H1030mm
材质：金属框架
风格：现代轻奢

编号：床 36
品牌：CANTORI
规格：L2420mm × W2280mm × H1080mm
材质：实木框架、金属背板、牛皮
风格：现代轻奢

编号：床 37
品牌：caracole
规格：L2080mm × W2200mm × H1600mm
材质：桃花芯木、牛骨、金属
风格：美式
参考价：31338 元

编号：床 38
品牌：caracole
规格：L2080mm × W2240mm × H1420mm
材质：实木框架、金属、高级丝绒软包
风格：现代轻奢
参考价：16335 元

编号：床 39
品牌：FLEXFORM
规格：L2200mm × W2500mm × H1380mm
材质：实木框架、橡木贴皮、高级布艺软包
风格：现代简约

床

编号：床 40
品牌：Flou
规格：L1890mm × W2100mm × H1100mm
材质：实木框架、亚光漆、真皮软包
风格：现代简约

编号：床 41
品牌：HICKORY WHITE
规格：L2100mm × W2300mm × H1700mm
材质：胡桃木、高级布艺软包
风格：美式

编号：床 42
品牌：LEXINGTON
规格：L2000mm × W2200mm × H1600mm
材质：胡桃木
风格：美式
参考价：16931 元

编号：床 43
品牌：Living Divani
规格：L1940mm × W2300mm × H1100mm
材质：实木框架、真皮软包
风格：现代简约

编号：床 44
品牌：Molteni&C
规格：L1950mm × W2350mm × H1040mm
材质：实木框架、胡桃木贴皮、高级布艺软包
风格：现代简约

编号：床 45
品牌：Neue Wiener Werkstätte
规格：L2350mm × W2150mm × H1200mm
材质：实木框架、高级布艺软包
风格：现代简约

编号：床 46
品牌：POLTRONA FRAU
规格：L2100mm × W2260mm × H1260mm
材质：实木框架、聚氨酯、真皮软包
风格：现代简约
参考价：47751 元

编号：床 47
品牌：porada
规格：L2040mm × W2300mm × H1300mm
材质：实木框架、胡桃木贴皮、高级布艺软包
风格：现代简约

编号：床 48
品牌：高级定制
规格：L2200mm × W2200mm × H1200mm
材质：实木框架、亚光漆、高级布艺软包
风格：现代简约

编号：床 49
品牌：WITTMANN
规格：L2880mm ×
　　　W2300mm ×
　　　H1400mm
材质：实木框架、高级丝
　　　绒软包
风格：现代简约

编号：床 50
品牌：Zanotta
规格：L1930mm × W2250mm ×
　　　H1040mm
材质：实木框架、金属脚、高级布艺软包
风格：现代简约

6 户外

编号：户外 1
品牌：高级定制
规格：L1000mm×W880mm×H1060mm
材质：铝合金框架、合成纤维
风格：现代简约
参考价：4098 元

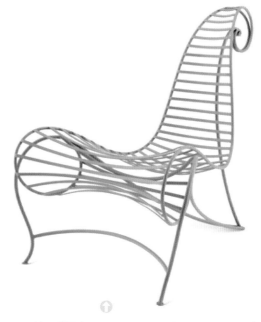

编号：户外 2
品牌：CECCOTTI
规格：L710mm×W940mm×H1400mm
材质：铁艺
风格：现代简约

编号：户外 3
品牌：saccaro
规格：L580mm×W630mm×H810mm
材质：铝合金框架、合成纤维
风格：现代简约

编号：户外 4
品牌：MAGIS
规格：L3600mm×W950mm×H1100mm
材质：聚乙烯
风格：现代简约

编号：户外 5
品牌：B&B
规格：L760mm×W720mm×H760mm
材质：铝合金框架、合成纤维
风格：现代简约

编号：户外 7
品牌：B&B
规格：L1180mm × W960mm × H970mm
材质：铝合金框架、合成纤维、布艺软包
风格：现代简约

编号：户外 6
品牌：B&B
规格：L950mm × W1000mm × H1140mm
材质：铝合金框架、合成纤维、布艺软包
风格：现代简约

编号：户外 8
品牌：DEDON
规格：D2000mm × H2680mm
材质：铝合金框架、合成纤维、布艺软包
风格：现代简约

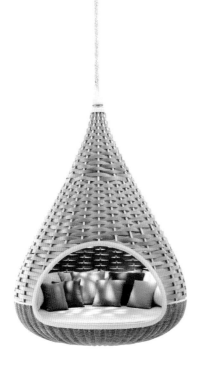

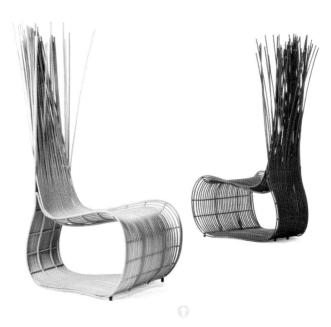

编号：户外 9
品牌：KENNETHCOBONPUE
规格：L700mm × W630mm × H1340mm
材质：铝合金框架、合成纤维
风格：现代简约

户外

编号：户外 10
品牌：KENNETHCOBONPUE
规格：L840mm×W1100mm×H1380mm
材质：铝合金框架、合成纤维、布艺软包
风格：现代简约

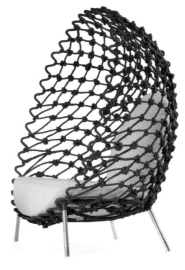

编号：户外 11
品牌：KETTAL
规格：L2500mm×W890mm×
H810mm
材质：铝合金框架、合成纤维、布
艺软包
风格：现代简约

编号：户外 12
品牌：MERIDIANI
规格：L490mm×W560mm×H800mm
材质：铝合金框架、真皮、布艺软包
风格：现代简约

编号：户外 13
品牌：Minotti
规格：L790mm×W840mm×H740mm
材质：铝合金框架、合成纤维、布艺软包
风格：现代简约

户外

编号：户外 15
品牌：TRIBÙ
规格：L880mm×W850mm×H740mm
材质：铝合金框架、合成纤维、布艺软包
风格：现代简约

编号：户外 14
品牌：MOROSO
规格：L1050mm×W900mm×H1600mm
材质：铝合金框架、合成纤维
风格：现代简约

编号：户外 16
品牌：TRIBÙ
规格：L1700mm×W1860mm×H820mm
材质：铝合金框架、合成纤维、布艺软包
风格：现代简约

编号：户外 17
品牌：VONDOM
规格：L470mm×W560mm×H1030mm
材质：聚乙烯
风格：现代简约
参考价：3346 元

编号：户外 18
品牌：VONDOM
规格：L530mm×W530mm×H860mm
材质：聚乙烯
风格：现代简约
参考价：3346 元

户外

编号：户外 19
品牌：VONDOM
规格：L900mm × W2000mm × H900mm
材质：聚乙烯
风格：现代简约
参考价：8031 元

编号：户外 20
品牌：VONDOM
规格：椅：L400mm × W400mm × H870mm
　　　桌：L560mm × W760mm × H1000mm
材质：聚乙烯
风格：现代简约
参考价：椅：2677 元
　　　　桌：5354 元

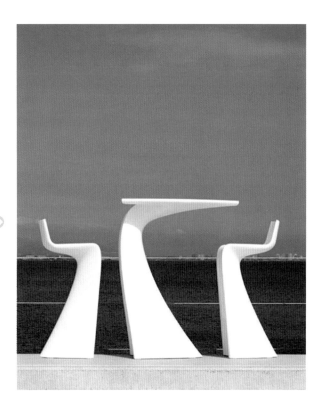

灯具

CHAPTER TWO

1 吊灯

编号：吊灯 1
品牌：最灯饰
规格：D780mm×H460mm
材质：金属电镀、云石
风格：现代美式
参考价：1897 元

编号：吊灯 2
品牌：Hudson Valley
规格：D660mm×
　　　H630mm
材质：金属电镀、玻璃
风格：现代轻奢
参考价：9508 元

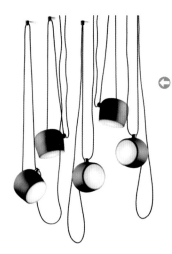

编号：吊灯 4
品牌：FLOS
规格：灯罩 D230mm×
　　　H190mm
材质：铝材
风格：现代简约

编号：吊灯 3
品牌：高级定制
规格：L500mm×W500mm×H500mm
材质：金属电镀、磨砂玻璃
风格：现代简约、新中式

编号：吊灯 5
品牌：高级定制
规格：D930mm×
　　　H1210mm
材质：金属电镀、磨砂
　　　玻璃
风格：现代简约

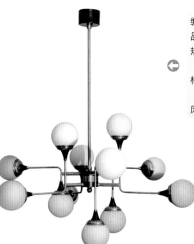

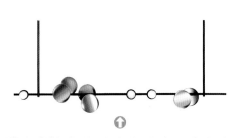

编号：吊灯 6
品牌：高级定制
规格：定制尺寸
材质：金属电镀
风格：现代简约

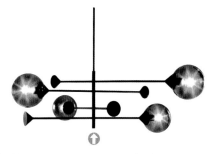

编号：吊灯 7
品牌：高级定制
规格：定制尺寸
材质：金属电镀、玻璃
风格：现代简约
参考价：3800 元

吊灯

编号：吊灯 8
品牌：高级定制
规格：D800mm×H500mm
材质：金属电镀、磨砂玻璃
风格：现代轻奢
参考价：2600 元

编号：吊灯 9
品牌：高级定制
规格：L1630mm×W770mm×H360mm
材质：压铸铝、铁艺
风格：现代简约
参考价：2400 元

编号：吊灯 10
品牌：高级定制
规格：D1080mm×H850mm
材质：金属电镀、玻璃
风格：现代简约
参考价：4100 元

编号：吊灯 11
品牌：高级定制
规格：D350mm×H1200mm
材质：金属电镀、玻璃
风格：现代简约

吊灯

编号：吊灯 12
品牌：高级定制
规格：D850mm×H450mm
材质：金属电镀、玻璃
风格：现代美式

编号：吊灯 13
品牌：高级定制
规格：L700mm×W550mm×H600mm
材质：金属电镀、磨砂玻璃
风格：现代简约
参考价：2887 元

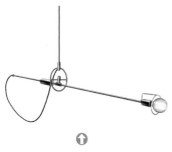

编号：吊灯 14
品牌：jader almeida
规格：L1500mm
材质：铜
风格：现代简约

编号：吊灯 15
品牌：高级定制
规格：D600mm×H1800mm
材质：金属电镀、亚克力
风格：现代简约
参考价：3250 元

编号：吊灯 16
品牌：高级定制
规格：L1000mm
材质：金属电镀、亚克力
风格：现代简约
参考价：3490 元

编号：吊灯 17
品牌：高级定制
规格：D800mm
材质：金属电镀、亚克力
风格：现代简约

编号：吊灯 18
品牌：高级定制
规格：L1155mm×W850mm×
　　　H350mm
材质：金属电镀、亚克力
风格：现代简约

编号：吊灯 20
品牌：高级定制
规格：D600mm×H500mm
材质：金属电镀、玻璃片
风格：现代轻奢

编号：吊灯 19
品牌：高级定制
规格：L1000mm×W280mm×
　　　H420mm
材质：金属电镀、水晶棒
风格：现代轻奢

编号：吊灯 21
品牌：ABRAMS
规格：D580mm×H550mm
材质：金属电镀、铁艺
风格：现代简约

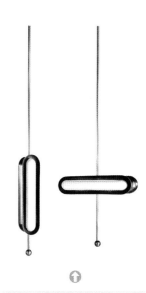

编号：吊灯 23
品牌：Apparatus
规格：L450mm×W100mm×
　　　H140mm
材质：金属电镀、玻璃
风格：现代简约

编号：吊灯 22
品牌：AERIN
规格：D900mm×H1400mm
材质：金属电镀、布罩
风格：现代美式

吊灯

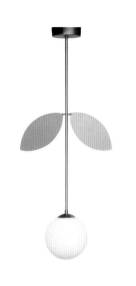

吊灯

编号：吊灯 24
品牌：ARETI
规格：D150mm×H600mm
材质：金属电镀、玻璃
风格：现代简约

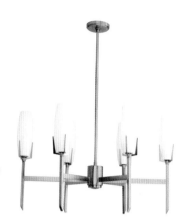

编号：吊灯 25
品牌：ARTERIORS HOME
规格：D1190mm×H635mm
材质：金属电镀、玻璃
风格：现代简约
参考价：13790 元

编号：吊灯 26
品牌：Bauhaus Lighting
规格：D838mm×H406mm
材质：金属电镀、玻璃
风格：现代简约

编号：吊灯 27
品牌：baxter
规格：L1040mm×W1040mm×
　　　H1300mm
材质：铁艺
风格：现代简约

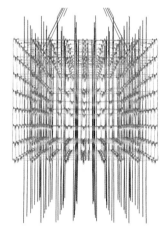

编号：吊灯 28
品牌：Bel Mondo
规格：D860mm×H930mm
材质：金属电镀、水晶
风格：新古典
参考价：21635 元

编号：吊灯 29
品牌：CHARLES
规格：D860mm×H250mm
材质：金属电镀、玻璃
风格：现代简约
参考价：11760 元

编号：吊灯 30
品牌：clutch modern
规格：D991mm×H610mm
材质：金属电镀、玻璃
风格：现代简约

编号：吊灯 31
品牌：Corbett
规格：D680mm×H910mm
材质：金属电镀、水晶
风格：现代轻奢

编号：吊灯 32
品牌：Corbett
规格：D900mm×H530mm
材质：金属电镀、水晶
风格：现代轻奢

编号：吊灯 33
品牌：Corbett
规格：D508mm×H638mm
材质：不锈钢与银和金箔
风格：现代美式

编号：吊灯 34
品牌：Corbett
规格：D1219mm×H1143mm
材质：金属电镀、玻璃
风格：现代轻奢

编号：吊灯 35
品牌：Corbett
规格：D680mm×H300mm
材质：金属电镀、水晶
风格：现代轻奢

编号：吊灯 36
品牌：Corbett
规格：D1225mm×H1850mm
材质：金属电镀、水晶
风格：现代轻奢

吊灯

编号：吊灯 37
品牌：COUP
规格：D900mm×H300mm
材质：金属电镀、水晶
风格：现代简约

编号：吊灯 38
品牌：Currey & Company
规格：D1000mm×H2438mm
材质：金属电镀、水晶
风格：现代轻奢

编号：吊灯 39
品牌：高级定制
规格：D500mm
材质：金属电镀
风格：现代简约

编号：吊灯 40
品牌：高级定制
规格：D620mm×H500mm
材质：金属电镀、水晶
风格：现代轻奢

编号：吊灯 41
品牌：高级定制
规格：D750mm×H630mm
材质：金属电镀、玻璃
风格：现代轻奢

编号：吊灯 42
品牌：高级定制
规格：D800mm×H1000mm
材质：金属电镀、磨砂玻璃
风格：现代轻奢

吊灯

编号：吊灯 44
品牌：高级定制
规格：D860mm×H910mm
材质：金属电镀、玻璃
风格：现代美式

编号：吊灯 43
品牌：高级定制
规格：D800mm×H1000mm
材质：金属电镀、流苏
风格：现代美式

编号：吊灯 45
品牌：Decaso
规格：D550mm×H1600mm
材质：金属电镀、玻璃
风格：现代简约

编号：吊灯 46
品牌：Delightfull
规格：D800mm×H750mm
材质：金属电镀、铁艺
风格：现代简约

编号：吊灯 47
品牌：Dering Hall
规格：L1066mm×W482mm×H863mm
材质：金属电镀、铁艺、磨砂玻璃
风格：现代简约

编号：吊灯 48
品牌：Flush Mount
规格：D1000mm×H550mm
材质：金属电镀、水晶
风格：现代轻奢

编号：吊灯 49
品牌：Fontana Arte
规格：D600mm×H889mm
材质：金属电镀、玻璃
风格：现代轻奢

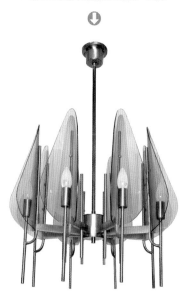

编号：吊灯 50
品牌：GABRIEL SCOTT
规格：L1370mm ×
　　　W1930mm ×
　　　H1000mm
材质：金属电镀、
　　　玻璃
风格：现代简约

编号：吊灯 51
品牌：GABRIEL
　　　SCOTT
规格：L1570mm ×
　　　W580mm ×
　　　H480mm
材质：金属电镀、
　　　玻璃
风格：现代简约

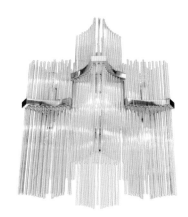

编号：吊灯 52
品牌：Gaetano Sciolari
规格：D533mm ×
　　　H609mm
材质：金属电镀、水晶
风格：现代轻奢

编号：吊灯 53
品牌：Gilt
规格：D660mm×H610mm
材质：金属电镀
风格：现代简约

编号：吊灯 54
品牌：GIPATO&
　　　COOMBES
规格：L1200mm
材质：金属电镀、玻璃
风格：现代简约

编号：吊灯 55
品牌：Greige Design
规格：D1000mm × H350mm
材质：金属电镀、玻璃
风格：现代轻奢

编号：吊灯 56
品牌：HAMMERTON
规格：D960mm × H170mm
材质：金属电镀、玻璃
风格：现代简约
参考价：32630 元

编号：吊灯 57
品牌：Hans-Agne Jakobsson
规格：D400mm × H700mm
材质：金属电镀、流苏
风格：现代美式

编号：吊灯 58
品牌：Heathfield & Co
规格：D620mm × H800mm
材质：金属电镀、布罩
风格：新中式
参考价：20000 元

编号：吊灯 59
品牌：Hinsdale
规格：D530mm × H680mm
材质：金属电镀、磨砂玻璃
风格：现代简约

编号：吊灯 60
品牌：JONATHAN ADLER
规格：L960mm ×
　　　W350mm ×
　　　H430mm
材质：金属电镀
风格：现代轻奢
参考价：10358 元

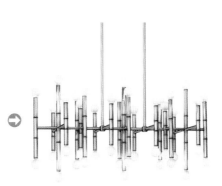

吊灯

编号：吊灯 61
品牌：JONATHAN ADLER
规格：D450mm × H800mm
材质：金属电镀、水晶
风格：现代轻奢
参考价：11896 元

编号：吊灯 62
品牌：JONATHAN ADLER
规格：D710mm
材质：金属电镀、磨砂玻璃
风格：现代简约
参考价：7113 元

编号：吊灯 63
品牌：JONATHAN ADLER
规格：D930mm × H550mm
材质：金属电镀、磨砂玻璃
风格：现代简约
参考价：14611 元

编号：吊灯 64
品牌：JONATHAN ADLER
规格：D1200mm × H760mm
材质：金属电镀、水晶
风格：现代轻奢
参考价：20748 元

编号：吊灯 66
品牌：SICIS
规格：D600mm × H800mm
材质：金属电镀、玻璃
风格：现代简约

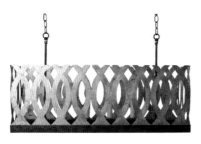

编号：吊灯 65
品牌：JULIE NEILL
规格：L900mm × W300mm × H450mm
材质：金属电镀做旧
风格：现代美式

编号：吊灯 67
品牌：Kelly Wearstler
规格：D860mm × H710mm
材质：金属电镀、玻璃
风格：现代简约
参考价：31515 元

编号：吊灯 68
品牌：Lightolier Lighting
规格：D527mm × H641mm
材质：金属电镀、铁艺
风格：现代简约

编号：吊灯 69
品牌：LINDSEY ADELMAN
规格：L1850mm × W280mm × H280mm
材质：金属电镀、磨砂玻璃
风格：现代轻奢

编号：吊灯 70
品牌：Louis Weisdorf
规格：D350mm
材质：金属电镀、铁艺喷漆
风格：现代简约
参考价：5220 元

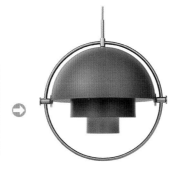

编号：吊灯 71
品牌：LUMENS
规格：D600mm × H250mm
材质：铁艺、布罩
风格：新中式

编号：吊灯 72
品牌：LUXXU
规格：L1650mm × W500mm × H500mm
材质：金属电镀、水晶
风格：现代轻奢

编号：吊灯 73
品牌：Magna
规格：D860mm × H890mm
材质：金属电镀、玻璃
风格：现代简约
参考价：16474 元

编号：吊灯 74
品牌：Magna
规格：D1000mm×H850mm
材质：金属电镀、玻璃
风格：现代轻奢
参考价：21422 元

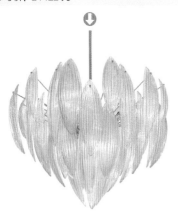

编号：吊灯 75
品牌：Markaryd
规格：D1050mm×H1710mm
材质：金属电镀、玻璃
风格：现代轻奢

编号：吊灯 76
品牌：MARLEY
规格：D1000mm×H380mm
材质：金属电镀、水晶
风格：现代简约
参考价：25800 元

编号：吊灯 77
品牌：MIGO
规格：D840mm×H500mm
材质：金属电镀、磨砂玻璃
风格：现代简约、新中式
参考价：6765 元

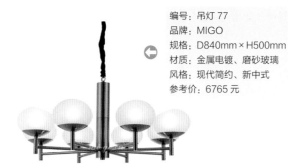

编号：吊灯 78
品牌：MIGO
规格：L830mm×W410mm×H1230mm
材质：铁艺、布艺
风格：新中式
参考价：5950 元

编号：吊灯 79
品牌：Mitzi
规格：D240mm × H600mm
材质：金属电镀、磨砂玻璃
风格：现代简约
参考价：1884 元

编号：吊灯 80
品牌：mont blanc
规格：D630mm × H1000mm
材质：金属电镀、水晶
风格：现代轻奢

编号：吊灯 81
品牌：More Lighting
规格：D584mm × H444mm
材质：金属电镀、水晶
风格：现代轻奢

吊灯

编号：吊灯 82
品牌：Orrefors
规格：D500mm × H660mm
材质：金属电镀、玻璃
风格：现代轻奢
参考价：24853 元

编号：吊灯 84
品牌：Petite Friture
规格：D1400mm × H150mm
材质：玻璃纤维、铁艺
风格：现代简约
参考价：4880 元

编号：吊灯 83
品牌：Oslo
规格：D550mm × H330mm
材质：金属电镀、玻璃
风格：现代轻奢

吊灯

编号：吊灯 85
品牌：PIECES
规格：D440mm×H340mm
材质：金属电镀、玻璃
风格：现代简约
参考价：12739 元

编号：吊灯 86
品牌：Roll & Hill
规格：D300mm×H340mm（单个）
材质：金属电镀、玻璃
风格：现代简约

编号：吊灯 87
品牌：Ross Gardam
规格：D870mm×H1300mm
材质：金属电镀、磨砂玻璃
风格：现代简约

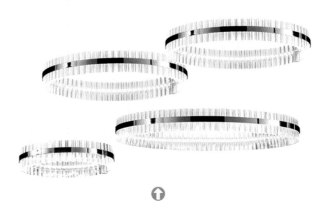

编号：吊灯 88
品牌：SATURNO
规格：D470mm　D700mm　D1000mm　D1200mm
材质：金属电镀、玻璃
风格：现代简约

编号：吊灯 89
品牌：Sciolari
规格：D560mm × H770mm
材质：金属电镀
风格：现代轻奢

编号：吊灯 91
品牌：Sigma L2
规格：D1150mm × H1100mm
材质：金属电镀
风格：新中式

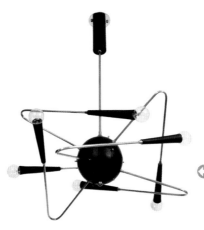

编号：吊灯 92
品牌：Stilnovo
　　　Lighting
规格：D660mm ×
　　　H838mm
材质：金属电镀、
　　　铁艺
风格：现代简约

编号：吊灯 90
品牌：Sciolari
规格：D540mm × H920mm
材质：金属电镀、玻璃
风格：现代轻奢

编号：吊灯 93
品牌：STRATOS
规格：D600mm ×
　　　H170mm
材质：金属电镀、
　　　亚克力
风格：现代简约
参考价：6460 元

吊灯

编号：吊灯 94
品牌：Tom Kirk
规格：D590mm×H390mm
材质：金属电镀、玻璃
风格：现代简约

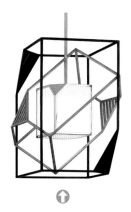

编号：吊灯 95
品牌：Troy Light
规格：D450mm×H830mm
材质：金属电镀、铁艺、磨砂玻璃
风格：现代简约
参考价：7818 元

编号：吊灯 96
品牌：Venini Lighting
规格：D558mm×H609mm
材质：金属电镀、水晶
风格：现代轻奢

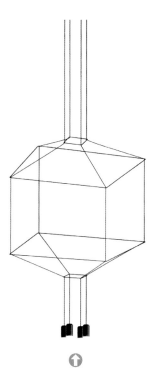

编号：吊灯 97
品牌：Vibia
规格：L530mm×W240mm×
　　　H3980mm
材质：铁艺
风格：现代简约
参考价：26098 元

编号：吊灯 98
品牌：Vistosi
规格：D450mm×H850mm
材质：金属电镀、玻璃
风格：现代轻奢
参考价：20580 元

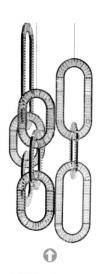

编号：吊灯 99
品牌：Windfall
规格：L450mm×H230mm
　　　L320mm×H230mm
材质：金属电镀、水晶
风格：现代轻奢

编号：吊灯 100
品牌：ZIA-PRIVEN
规格：D889mm×H228mm
材质：金属电镀、玻璃
风格：现代简约

2 台灯

编号：台灯 1
品牌：高级定制
规格：D400mm×H530mm
材质：金属电镀
风格：现代简约

编号：台灯 2
品牌：高级定制
规格：D450mm×H600mm
材质：大理石、铁艺
风格：现代简约

编号：台灯 3
品牌：高级定制
规格：D250mm×H550mm
材质：金属电镀、大理石
风格：现代简约

编号：台灯 4
品牌：高级定制
规格：D380mm×H620mm
材质：金属电镀、大理石、布罩
风格：现代简约

编号：台灯 5
品牌：高级定制
规格：D400mm×H680mm
材质：铁艺、布罩
风格：新中式

编号：台灯 6
品牌：高级定制
规格：L400mm×W230mm×H660mm
材质：金属电镀、玛瑙片、布罩
风格：现代轻奢

编号：台灯 7
品牌：高级定制
规格：L300mm×H250mm
材质：金属电镀、大理石、布艺
风格：现代简约

编号：台灯 8
品牌：高级定制
规格：D350mm×H680mm
材质：金属电镀、大理石、玻璃
风格：现代简约

台灯

编号：台灯 9
品牌：高级定制
规格：D350mm×H670mm
材质：金属电镀、大理石、布罩
风格：现代简约

编号：台灯 10
品牌：高级定制
规格：L400mm×W2500mm×
　　　H680mm
材质：金属电镀、铁艺、布罩
风格：现代简约

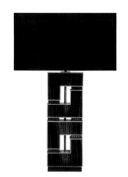

编号：台灯 11
品牌：ANAKTAE
规格：L710mm×W300mm×
　　　H850mm
材质：金属电镀、实木、布罩
风格：现代简约

编号：台灯 12
品牌：BELLA FIGURA
规格：D350mm×H630mm
材质：金属电镀、玻璃、布罩
风格：现代简约

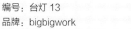

编号：台灯 13
品牌：bigbigwork
规格：D540mm×H620mm
材质：金属电镀、铁艺
风格：现代简约

编号：台灯 14
品牌：Brass Brothers
规格：L770mm×W300mm×
　　　H300mm
材质：金属电镀、铁艺
风格：现代简约

编号：台灯 15
品牌：Corisande
规格：D400mm×H430mm
材质：金属电镀、大理石
风格：现代简约
参考价：1650 元

台灯

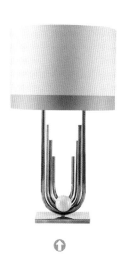

编号：台灯 16
品牌：Currey & Company
规格：D550mm×H860mm
材质：金属电镀、陶瓷、布罩
风格：现代美式
参考价：4523 元

编号：台灯 17
品牌：Currey & Company
规格：D600mm×H900mm
材质：金属电镀、大理石、布罩
风格：现代美式
参考价：2941 元

编号：台灯 18
品牌：高级定制
规格：D400mm×H680mm
材质：金属电镀、大理石、布罩
风格：现代轻奢

台灯

编号：台灯 19
品牌：高级定制
规格：D370mm ×
　　　H690mm
材质：树脂、布罩
风格：现代简约

编号：台灯 20
品牌：Diesel Metal
规格：D310mm ×
　　　H410mm
材质：玻璃
风格：现代简约
参考价：4871 元

编号：台灯 21
品牌：DIMOREGALLERY
规格：L330mm ×
　　　W60mm ×
　　　H400mm
材质：铁艺、玻璃
风格：现代简约

编号：台灯 22
品牌：Dutchbone
规格：L290mm ×
　　　W250mm ×
　　　H510mm
材质：金属电镀、大理石
风格：现代简约
参考价：662 元

编号：台灯 23
品牌：高级定制
规格：D370mm ×
　　　H660mm
材质：玻璃、布罩
风格：现代简约

编号：台灯 24
品牌：EICHHOLTZ
规格：L670mm ×
　　　W200mm ×
　　　H910mm
材质：金属电镀
风格：现代轻奢
参考价：7197 元

编号：台灯 25
品牌：高级定制
规格：L420mm × W250mm ×
　　　H720mm
材质：金属电镀、布罩
风格：现代轻奢

编号：台灯 26
品牌：高级定制
规格：D400mm ×
　　　H660mm
材质：金属电镀、布罩
风格：现代轻奢

编号：台灯 27
品牌：FLOS
规格：L268mm × W100mm ×
　　　H634mm
材质：金属电镀、铁艺
风格：现代简约

编号：台灯 28
品牌：FLOS
规格：L394mm×W260mm×
　　　H369mm
材质：亚克力、大理石、玻璃
风格：现代简约

编号：台灯 29
品牌：Fog & Morup
规格：L570mm×W250mm×
　　　H200mm
材质：金属电镀、铁艺
风格：现代轻奢

编号：台灯 30
品牌：GINGER & JAGGER
规格：D400mm×H700mm
材质：金属电镀、大理石、布罩
风格：现代轻奢

编号：台灯 31
品牌：HARBOR HOUSE
规格：D350mm×H520mm
材质：金属电镀、陶瓷、布罩
风格：现代美式
参考价：1680 元

编号：台灯 32
品牌：Horchow
规格：L349mm×W203mm×
　　　H432mm
材质：树脂、布罩
风格：现代简约

编号：台灯 33
品牌：高级定制
规格：D360mm×H650mm
材质：陶瓷、亚克力、布罩
风格：现代美式

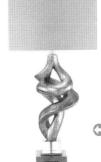

编号：台灯 34
品牌：JOHN-RICHARD
规格：D400mm×H900mm
材质：树脂、水晶、布罩
风格：现代轻奢
参考价：2641 元

编号：台灯 35
品牌：Kelly Wearstler
规格：L425mm × W190mm × H444mm
材质：铜、铁艺、大理石
风格：现代轻奢

编号：台灯 36
品牌：Lee Broom
规格：D200mm × H240mm
材质：金属电镀、玻璃
风格：现代简约
参考价：3655 元

台灯

编号：台灯 37
品牌：MIGO
规格：L450mm × W250mm × H610mm
材质：金属电镀、布罩
风格：现代美式
参考价：2900 元

编号：台灯 38
品牌：MIGO
规格：D400mm × H840mm
材质：金属电镀、布罩
风格：现代美式
参考价：3900 元

编号：台灯 39
品牌：MIGO
规格：L450mm × W250mm × H680mm
材质：金属电镀、大理石、布罩
风格：新中式
参考价：4000 元

编号：台灯 40
品牌：MIGO
规格：D460mm × H780mm
材质：金属电镀、玻璃、布罩
风格：现代美式
参考价：2550 元

编号：台灯 41
品牌：Mitzi
规格：D280mm × H500mm
材质：金属电镀、大理石、亚克力
风格：现代简约
参考价：1746 元

编号：台灯 42
品牌：Mitzi
规格：L530mm × W230mm × H580mm
材质：金属电镀、大理石、玻璃
风格：现代简约
参考价：2354 元

编号：台灯 43
品牌：Mitzi
规格：D100mm × H530mm
材质：金属电镀、大理石、铁艺
风格：现代简约
参考价：1549 元

编号：台灯 44
品牌：moooi
规格：L250mm × W220mm × H610mm
材质：金属电镀、亚克力
风格：现代简约

编号：台灯 45
品牌：MovingMountains
规格：D280mm × H711mm
材质：金属电镀、亚克力
风格：现代简约

编号：台灯 46
品牌：Nellcote
规格：L220mm × W150mm × H510mm
材质：金属电镀、大理石
风格：现代简约
参考价：3046 元

编号：台灯 47
品牌：最灯饰
规格：L200mm × H430mm
材质：金属电镀、大理石
风格：现代简约
参考价：1125 元

编号：台灯 48
品牌：Oyster Linen
规格：D360mm × H400mm
材质：树脂、布罩
风格：现代简约

编号：台灯 49
品牌：POLTRONA FRAU
规格：D250mm × H400mm
材质：金属电镀、铁艺、玻璃
风格：现代美式

编号：台灯 50
品牌：Regina Andrew
规格：D400mm × H700mm
材质：树脂、布罩
风格：现代轻奢
参考价：3520 元

台灯

台灯

编号：台灯 51
品牌：Reviews
规格：D330mm × H430mm
材质：铁艺、亚克力
风格：现代简约
参考价：10625 元

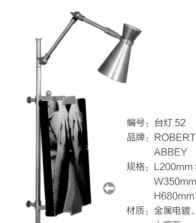

编号：台灯 52
品牌：ROBERT ABBEY
规格：L200mm × W350mm × H680mm
材质：金属电镀、大理石
风格：现代美式
参考价：3661 元

编号：台灯 53
品牌：ROBERT ABBEY
规格：D330mm × H330mm
材质：金属电镀、铁艺
风格：现代美式
参考价：2498 元

编号：台灯 54
品牌：ROBERT ABBEY
规格：D350mm × H700mm
材质：金属电镀、铁艺、布罩
风格：现代美式
参考价：4600 元

编号：台灯 55
品牌：ROBERT ABBEY
规格：D350mm × H850mm
材质：树脂、布罩
风格：现代美式
参考价：4299 元

编号：台灯 56
品牌：ROBERT ABBEY
规格：D400mm × H530mm
材质：陶瓷、布罩
风格：现代美式

编号：台灯 57
品牌：ROBERT ABBEY
规格：D600mm × H700mm
材质：金属电镀、实木、布罩
风格：现代美式
参考价：2754 元

编号：台灯 58
品牌：RV Astley Cabra
规格：L400mm × W250mm × H680mm
材质：金属电镀、水晶、布罩
风格：现代轻奢
参考价：2467 元

编号：台灯 59
品牌：Serena Luxury Mosaic
规格：D400mm × H600mm
材质：金属电镀、玻璃、布罩
风格：现代美式

编号：台灯 60
品牌：高级定制
规格：D380mm × H680mm
材质：金属电镀、水晶、布罩
风格：现代轻奢

台灯

编号：台灯 61
品牌：最灯饰
规格：L520mm × H665mm
材质：金属电镀、大理石、
　　　布罩
风格：新中式

编号：台灯 62
品牌：UTT
规格：L250mm × W380mm ×
　　　H580mm
材质：金属电镀、大理石、布罩
风格：现代美式
参考价：3748 元

编号：台灯 63
品牌：UTT
规格：L406mm × W406mm ×
　　　H787mm
材质：金属电镀、玻璃、布罩
风格：现代美式
参考价：3492 元

编号：台灯 64
品牌：UTT
规格：L457mm × W457mm ×
　　　H838mm
材质：金属电镀、大理石、布罩
风格：现代美式
参考价：4815 元

编号：台灯 65
品牌：UTT
规格：L228mm × W457mm ×
　　　H742mm
材质：树脂、铁艺、布罩
风格：现代美式
参考价：3062 元

编号：台灯 66
品牌：UTT
规格：L457mm × W457mm ×
　　　H813mm
材质：陶瓷、金属电镀、布罩
风格：现代美式
参考价：2912 元

台灯

编号：台灯 67
品牌：UTT
规格：L406mm × W406mm × H723mm
材质：树脂、水晶、布罩
风格：现代美式
参考价：3292 元

编号：台灯 68
品牌：VeniceM
规格：L500mm × W430mm × H200mm
材质：金属电镀、玻璃
风格：现代简约

编号：台灯 69
品牌：WILDWOOD
规格：L200mm × W120mm × H810mm
材质：金属电镀、布罩
风格：现代美式
参考价：2941 元

编号：台灯 70
品牌：WORKSTEAD
规格：D300mm × H450mm
材质：金属电镀、大理石
风格：现代简约

编号：台灯 71
品牌：WORLDS AWAY
规格：D450mm × H930mm
材质：树脂、布罩
风格：现代美式
参考价：4096 元

编号：台灯 72
品牌：兰亭集势
规格：L500mm × H530mm
材质：金属电镀、亚克力
风格：现代简约
参考价：1680 元

编号：台灯 73
品牌：兰亭集势
规格：D300mm × H400mm
材质：大理石、金属电镀、亚克力
风格：现代简约
参考价：1175 元

编号：台灯 74
品牌：兰亭集势
规格：D380mm × H710mm
材质：陶瓷、实木、布罩
风格：现代轻奢
参考价：695 元

编号：台灯 75
品牌：兰亭集势
规格：D400mm×H580mm
材质：金属电镀、玻璃
风格：现代简约
参考价：568 元

编号：台灯 76
品牌：兰亭集势
规格：D400mm×H630mm
材质：金属电镀、玻璃、布罩
风格：新中式
参考价：1190 元

编号：台灯 77
品牌：兰亭集势
规格：D450mm×H500mm
材质：金属电镀、树脂、亚克力
风格：现代简约
参考价：980 元

编号：台灯 78
品牌：最灯饰
规格：D330mm×H560mm
材质：金属电镀、布罩
风格：现代简约
参考价：751 元

编号：台灯 79
品牌：最灯饰
规格：D420mm×H750mm
材质：金属电镀、玛瑙片、布罩
风格：现代轻奢
参考价：1459 元

编号：台灯 80
品牌：最灯饰
规格：L315mm×H470mm
材质：金属电镀
风格：现代美式
参考价：451 元

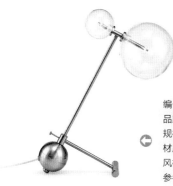

编号：台灯 81
品牌：最灯饰
规格：L355mm×H430mm
材质：金属电镀、玻璃
风格：现代简约
参考价：525 元

编号：台灯 82
品牌：最灯饰
规格：L380mm×
　　　W230mm×
　　　H600mm
材质：金属电镀、大
　　　理石、布罩
风格：现代轻奢
参考价：764 元

编号：台灯 83
品牌：最灯饰
规格：L400mm × W200mm ×
　　　H450mm
材质：金属电镀、布罩
风格：新中式
参考价：1802 元

编号：台灯 85
品牌：最灯饰
规格：L400mm × W230mm ×
　　　H700mm
材质：金属电镀、布罩
风格：新中式
参考价：1122 元

台灯

编号：台灯 84
品牌：最灯饰
规格：L400mm × W220mm ×
　　　H610mm
材质：金属电镀、大理石、布罩
风格：新中式
参考价：852 元

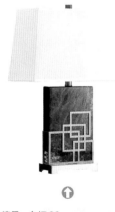

编号：台灯 86
品牌：最灯饰
规格：L450mm × W230mm ×
　　　H650mm
材质：金属电镀、大理石、布罩
风格：新中式
参考价：1066 元

编号：台灯 87
品牌：最灯饰
规格：L450mm × W260mm ×
　　　H540mm
材质：金属电镀、大理石、布罩
风格：新中式
参考价：1102 元

编号：台灯 88
品牌：最灯饰
规格：D200mm × H400mm
材质：金属电镀、玻璃
风格：现代简约
参考价：667 元

编号：台灯 89
品牌：最灯饰
规格：D260mm × H450mm
材质：铁艺、玻璃
风格：现代简约
参考价：532 元

编号：台灯 90
品牌：最灯饰
规格：D350mm × H400mm
材质：金属电镀、亚克力
风格：现代简约
参考价：590 元

编号：台灯 91
品牌：最灯饰
规格：D350mm × H550mm
材质：金属电镀、大理石、水晶
风格：现代轻奢
参考价：760 元

编号：台灯 92
品牌：最灯饰
规格：D350mm × H720mm
材质：金属电镀、玉石、布罩
风格：现代美式
参考价：1198 元

编号：台灯 93
品牌：最灯饰
规格：D380mm × H700mm
材质：金属电镀、大理石、布罩
风格：现代美式
参考价：670 元

编号：台灯 94
品牌：最灯饰
规格：D380mm × H700mm
材质：金属电镀、玉石、布罩
风格：现代轻奢
参考价：1030 元

台灯

编号：台灯 95
品牌：最灯饰
规格：D400mm×H690mm
材质：金属电镀、大理石、布罩
风格：现代轻奢
参考价：1249 元

编号：台灯 96
品牌：最灯饰
规格：D400mm×H830mm
材质：金属电镀、大理石
风格：现代美式
参考价：2848 元

编号：台灯 97
品牌：最灯饰
规格：D430mm×H660mm
材质：金属电镀、玻璃
风格：现代轻奢
参考价：780 元

编号：台灯 98
品牌：最灯饰
规格：D430mm×H700mm
材质：金属电镀、陶瓷、布罩
风格：现代美式
参考价：1260 元

编号：台灯 99
品牌：最灯饰
规格：D450mm×H710mm
材质：树脂、大理石、布罩
风格：现代简约
参考价：2376 元

编号：台灯 100
品牌：最灯饰
规格：D460mm×H780mm
材质：金属电镀、大理石、布罩
风格：现代美式
参考价：961 元

3　落地灯

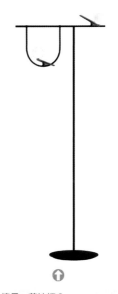

编号：落地灯 1
品牌：ADS360
规格：L480mm×W480mm×
　　　H1620mm
材质：金属电镀、玻璃
风格：现代简约

编号：落地灯 2
品牌：Artemide
规格：L560mm×H1700mm
材质：金属电镀、铁艺、玻璃
风格：现代简约

编号：落地灯 3
品牌：CURATED KRAVET
规格：L380mm×W880mm×H1820mm
材质：金属电镀、大理石、布罩
风格：现代简约

编号：落地灯 4
品牌：Hudson Valley
规格：D280mm×H1620mm
材质：金属电镀、大理石、玻璃
风格：现代轻奢
参考价：5970 元

编号：落地灯 5
品牌：高级定制
规格：L480mm×H1700mm
材质：金属电镀
风格：现代轻奢
参考价：1639 元

编号：落地灯 6
品牌：高级定制
规格：L1720mm×H2260mm
材质：铁艺、大理石
风格：现代简约
参考价：2230 元

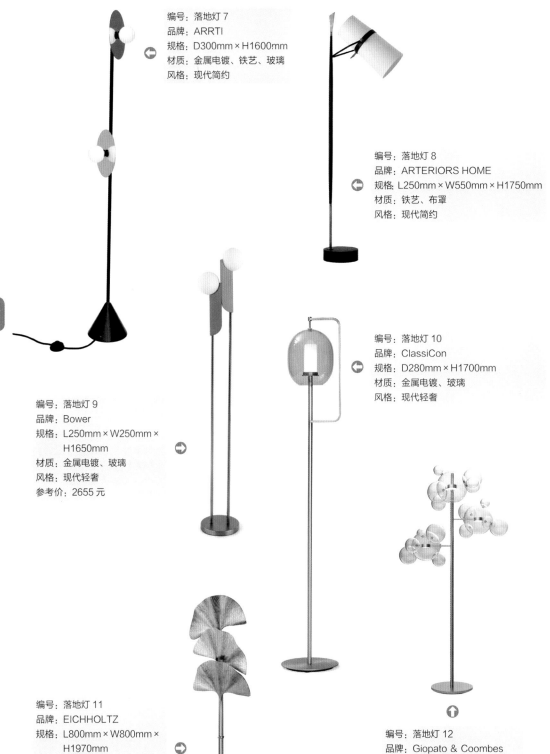

落地灯

编号：落地灯 7
品牌：ARRTI
规格：D300mm × H1600mm
材质：金属电镀、铁艺、玻璃
风格：现代简约

编号：落地灯 8
品牌：ARTERIORS HOME
规格：L250mm × W550mm × H1750mm
材质：铁艺、布罩
风格：现代简约

编号：落地灯 9
品牌：Bower
规格：L250mm × W250mm × H1650mm
材质：金属电镀、玻璃
风格：现代轻奢
参考价：2655 元

编号：落地灯 10
品牌：ClassiCon
规格：D280mm × H1700mm
材质：金属电镀、玻璃
风格：现代轻奢

编号：落地灯 11
品牌：EICHHOLTZ
规格：L800mm × W800mm × H1970mm
材质：金属电镀
风格：现代轻奢
参考价：14191 元

编号：落地灯 12
品牌：Giopato & Coombes
规格：D420mm × H1650mm
材质：金属电镀、玻璃
风格：现代轻奢

编号：落地灯 13
品牌：GUBI
规格：L350mm × H1400mm
材质：金属电镀、铁艺
风格：现代简约
参考价：7559 元

编号：落地灯 14
品牌：GUBI
规格：L380mm × W380mm × H1470mm
材质：金属电镀
风格：现代简约
参考价：9821 元

编号：落地灯 15
品牌：Houseology
规格：L700mm × W700mm × H1600mm
材质：金属电镀、实木
风格：现代美式
参考价：1977 元

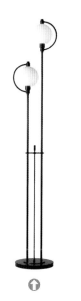

编号：落地灯 16
品牌：Hubbardton Forge
规格：L300mm × W280mm ×
　　　H1720mm
材质：铁艺、玻璃
风格：现代简约
参考价：7578 元

编号：落地灯 17
品牌：Kelly Wearstler
规格：D730mm × H1520mm
材质：金属电镀、大理石
风格：现代轻奢
参考价：13952 元

编号：落地灯 18
品牌：Lawson-Fenning
规格：L350mm × W350mm × H1570mm
材质：金属电镀、铁艺
风格：现代简约
参考价：10939 元

落地灯

编号：落地灯 19
品牌：Le Klint
规格：L700mm ×
　　　H1200mm
材质：金属电镀、铁艺
风格：现代简约

编号：落地灯 20
品牌：Lutz
规格：L880mm ×
　　　H1300mm
材质：铁艺、大理石
风格：现代简约

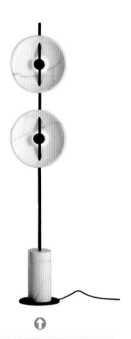

编号：落地灯 21
品牌：Marset
规格：L300mm × W280mm ×
　　　H1150mm
材质：铁艺、亚克力
风格：现代简约
参考价：12559 元

编号：落地灯 22
品牌：Mito
规格：L350mm × W250mm ×
　　　H1700mm
材质：铁艺、大理石
风格：现代简约

编号：落地灯 23
品牌：Mitzi
规格：L150mm × W170mm ×
　　　H1550mm
材质：金属电镀、铁艺
风格：现代简约
参考价：2618 元

落地灯

编号：落地灯 24
品牌：Mitzi
规格：L220mm×W120mm×
　　　H1550mm
材质：金属电镀、铁艺、大理石
风格：现代简约
参考价：3155 元

编号：落地灯 25
品牌：MOVING MOUNTAINS
规格：D800mm×H2387mm
材质：金属电镀
风格：现代轻奢

编号：落地灯 26
品牌：Nellcote
规格：L250mm×W300mm×
　　　H1720mm
材质：金属电镀、大理石
风格：现代简约
参考价：4347 元

编号：落地灯 28
品牌：Novara
规格：D400mm×H1420mm
材质：金属电镀、铁艺
风格：现代简约

编号：落地灯 27
品牌：NORTHERN LIGHTING
规格：L810mm×H1700mm
材质：铁艺、大理石、玻璃
风格：现代简约

编号：落地灯 29
品牌：Resource Decor
规格：D630mm × L1650mm
材质：金属电镀、水晶
风格：现代轻奢
参考价：9649 元

编号：落地灯 30
品牌：ROBERT ABBEY
规格：L330mm × W330mm ×
　　　H1820mm
材质：金属电镀、大理石
风格：现代美式
参考价：4867 元

编号：落地灯 31
品牌：ROBERT ABBEY
规格：L350mm × W250mm ×
　　　H1650mm
材质：金属电镀、布罩
风格：现代轻奢
参考价：5859 元

编号：落地灯 32
品牌：Tom Dixon
规格：L840mm × W860mm ×
　　　H1810mm
材质：金属电镀、玻璃
风格：现代简约
参考价：15293 元

编号：落地灯 33
品牌：Tooy
规格：L330mm × W330mm ×
　　　H1400mm
材质：金属电镀、玻璃
风格：现代简约

编号：落地灯 34
品牌：Zuiver
规格：L280mm × W280mm ×
　　　H1450mm
材质：金属电镀、铁艺、实木
风格：现代简约
参考价：1223 元

编号：落地灯 35
品牌：最灯饰
规格：L450mm×H1500mm
材质：金属电镀、胡桃木
风格：现代简约
参考价：1166 元

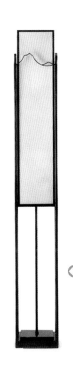

编号：落地灯 36
品牌：最灯饰
规格：L230mm×W230mm×
　　　H1680mm
材质：金属电镀、布艺
风格：新中式
参考价：1950 元

落地灯

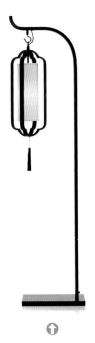

编号：落地灯 37
品牌：最灯饰
规格：L240mm×W350mm×
　　　H1650mm
材质：铁艺、布罩
风格：新中式
参考价：1056 元

编号：落地灯 38
品牌：最灯饰
规格：L360mm×W250mm×
　　　H1550mm
材质：金属电镀、铁艺、布罩
风格：新中式
参考价：1094 元

编号：落地灯 39
品牌：最灯饰
规格：L400mm×H1650mm
材质：金属电镀、玻璃
风格：现代轻奢
参考价：900 元

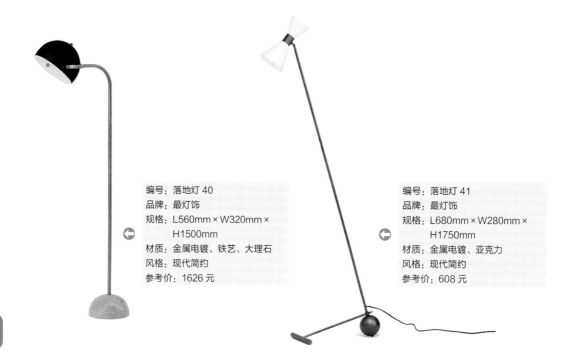

落地灯

编号：落地灯 40
品牌：最灯饰
规格：L560mm×W320mm×
　　　H1500mm
材质：金属电镀、铁艺、大理石
风格：现代简约
参考价：1626 元

编号：落地灯 41
品牌：最灯饰
规格：L680mm×W280mm×
　　　H1750mm
材质：金属电镀、亚克力
风格：现代简约
参考价：608 元

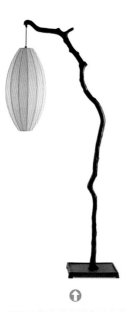

编号：落地灯 42
品牌：最灯饰
规格：L680mm×H2000mm
材质：铁艺、布罩
风格：新中式
参考价：2644 元

编号：落地灯 43
品牌：最灯饰
规格：L835mm×H1550mm
材质：金属电镀
风格：现代简约
参考价：858 元

编号：落地灯 44
品牌：最灯饰
规格：L260mm×H1630mm
材质：金属电镀、亚克力
风格：现代简约
参考价：648 元

编号：落地灯 45
品牌：最灯饰
规格：D280mm×H1500mm
材质：金属电镀、玻璃
风格：现代简约
参考价：1639 元

编号：落地灯 46
品牌：最灯饰
规格：L300mm×H1600mm
材质：金属电镀、铁艺
风格：现代简约
参考价：912 元

编号：落地灯 47
品牌：最灯饰
规格：D310mm×H1650mm
材质：金属电镀、玻璃
风格：现代简约
参考价：1756 元

编号：落地灯 48
品牌：最灯饰
规格：L450mm×H1450mm
材质：金属电镀、大理石
风格：现代轻奢
参考价：960 元

编号：落地灯 49
品牌：最灯饰
规格：D500mm×H1650mm
材质：金属电镀、铁艺
风格：现代轻奢
参考价：1833 元

编号：落地灯 50
品牌：最灯饰
规格：L550mm×H1600mm
材质：金属电镀、亚克力
风格：现代简约
参考价：1198 元

4 壁灯

编号：壁灯 1
品牌：CARLYLE COLLECTIVE
规格：L100mm × W100mm ×
　　　H580mm
材质：金属镀钛
风格：现代轻奢

编号：壁灯 2
品牌：CURATED KRAVET
规格：L170mm × W100mm ×
　　　H500mm
材质：金属镀钛、石材
风格：现代美式

编号：壁灯 3
品牌：Hudson Valley
规格：L250mm × W100mm ×
　　　H600mm
材质：金属镀钛、银镜
风格：现代美式
参考价：2994 元

编号：壁灯 4
品牌：Hudson Valley
规格：L70mm × W80mm ×
　　　H300mm
材质：铁艺、玻璃
风格：现代美式
参考价：1245 元

编号：壁灯 5
品牌：Hudson Valley
规格：L140mm × W120mm ×
　　　H280mm
材质：金属镀钛、玻璃
风格：现代轻奢
参考价：1746 元

编号：壁灯 6
品牌：Hudson Valley
规格：L150mm × W100mm ×
　　　H250mm
材质：金属镀钛、玻璃
风格：现代美式
参考价：1746 元

编号：壁灯 7
品牌：Hudson Valley
规格：L150mm × W100mm ×
　　　H400mm
材质：金属镀钛、水晶
风格：现代轻奢

编号：壁灯 8
品牌：Hudson Valley
规格：L150mm × W150mm ×
　　　H380mm
材质：金属镀钛、玻璃
风格：现代美式
参考价：2080 元

壁灯

编号：壁灯 9
品牌：Hudson Valley
规格：L190mm × W100mm ×
　　　H580mm
材质：金属镀钛、玻璃
风格：现代轻奢
参考价：2304 元

编号：壁灯 10
品牌：Hudson Valley
规格：L250mm × W200mm ×
　　　H300mm
材质：金属镀钛、玻璃
风格：现代轻奢
参考价：1984 元

编号：壁灯 11
品牌：Hudson Valley
规格：L330mm × W100mm ×
　　　H500mm
材质：金属镀钛、水晶、布罩
风格：现代美式
参考价：4100 元

壁灯

编号：壁灯 12
品牌：Hudson Valley
规格：D330mm × H100mm
材质：金属镀钛、玻璃
风格：现代简约
参考价：3478 元

编号：壁灯 15
品牌：高级定制
规格：L120mm ×
　　　W130mm ×
　　　H350mm
材质：金属镀钛、
　　　玻璃
风格：现代轻奢
参考价：1838 元

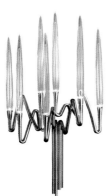

编号：壁灯 13
品牌：IL PEZZO MANCANTE
规格：L240mm × W200mm ×
　　　H660mm
材质：金属镀钛、玻璃
风格：现代轻奢

编号：壁灯 16
品牌：高级定制
规格：L220mm ×
　　　W120mm ×
　　　H500mm
材质：金属镀钛、
　　　铁艺
风格：现代轻奢
参考价：3809 元

编号：壁灯 14
品牌：MARSIA HOLZER
规格：L330mm × H380mm
材质：金属镀钛
风格：现代轻奢

编号：壁灯 17
品牌：高级定制
规格：L220mm × W150mm × H550mm
材质：金属镀钛、水晶
风格：现代轻奢
参考价：2550 元

编号：壁灯 18
品牌：高级定制
规格：L280mm × W80mm × H530mm
材质：金属镀钛、玻璃
风格：现代轻奢
参考价：3450 元

壁灯

编号：壁灯 19
品牌：高级定制
规格：L450mm × W70mm × H450mm
材质：亚克力
风格：现代简约
参考价：2646 元

编号：壁灯 20
品牌：A de T
规格：L330mm × W280mm × H830mm
材质：铁艺
风格：现代轻奢
参考价：10504 元

编号：壁灯 21
品牌：Antheropologie
规格：D120mm × H150mm
材质：金属镀钛
风格：现代轻奢
参考价：2741 元

编号：壁灯 22
品牌：ARFLEX
规格：L76mm × H480mm
材质：金属镀钛、玻璃
风格：现代简约

编号：壁灯 23
品牌：ARTERIORS HOME
规格：L120mm × W150mm × H430mm
材质：金属镀钛、玻璃
风格：现代轻奢
参考价：2524 元

编号：壁灯 24
品牌：Articolo
规格：L120mm × W196mm ×
　　　H938mm
材质：金属镀钛、玻璃
风格：现代简约

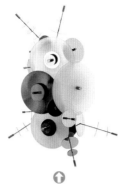

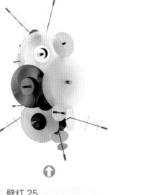

编号：壁灯 25
品牌：AVRAM RUSU
规格：L220mm × W120mm ×
　　　H480mm
材质：金属镀钛、玻璃
风格：现代简约

编号：壁灯 26
品牌：BELLA FIGURA
规格：L390mm × W17mm ×
　　　H60mm
材质：金属镀钛、水晶
风格：现代美式

编号：壁灯 27
品牌：Bert Frank
规格：L150mm × H790mm
材质：金属镀钛、玻璃
风格：现代美式

编号：壁灯 28
品牌：高级定制
规格：L180mm × W200mm ×
　　　H400mm
材质：金属镀钛、玻璃
风格：现代简约
参考价：1380 元

编号：壁灯 29
品牌：Bottinga
规格：L270mm × W230mm ×
　　　H350mm
材质：铜、布艺
风格：现代美式
参考价：6320 元

编号：壁灯 30
品牌：BOVER
规格：L1150mm × H600mm
材质：橡木
风格：现代简约

编号：壁灯 31
品牌：Catellani & Smith
规格：D300mm
材质：金属镀钛
风格：现代轻奢

编号：壁灯 32
品牌：Corbett
规格：L200mm × W200mm ×
　　　H400mm
材质：金属镀钛、水晶
风格：现代轻奢
参考价：3099 元

编号：壁灯 33
品牌：Corbett
规格：L304mm × W98mm ×
　　　H782mm
材质：金属镀钛
风格：现代轻奢
参考价：2617 元

壁灯

编号：壁灯 34
品牌：Corbett
规格：L160mm × W170mm ×
　　　H710mm
材质：金属镀钛、水晶
风格：现代轻奢
参考价：9275 元

编号：壁灯 35
品牌：Corbett
规格：L220mm × W70mm ×
　　　H380mm
材质：金属镀钛、玻璃
风格：现代轻奢
参考价：3099 元

编号：壁灯 36
品牌：Corbett
规格：L250mm × W100mm ×
　　　H1040mm
材质：金属镀钛、玻璃
风格：现代轻奢
参考价：3100 元

编号：壁灯 37
品牌：Corbett
规格：L250mm × W120mm ×
　　　H450mm
材质：金属镀钛、水晶
风格：现代美式
参考价：7149 元

编号：壁灯 38
品牌：Corbett
规格：L300mm × W120mm ×
　　　H430mm
材质：金属镀钛、水晶
风格：现代轻奢
参考价：3576 元

编号：壁灯 39
品牌：Corbett
规格：L300mm × W200mm ×
　　　H710mm
材质：金属镀钛、玻璃
风格：现代美式
参考价：3971 元

壁灯

编号：壁灯 40
品牌：Corbett
规格：L340mm × W120mm ×
　　　H430mm
材质：金属镀钛、玻璃
风格：现代轻奢
参考价：5957 元

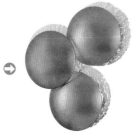

编号：壁灯 43
品牌：Covet
规格：L200mm ×
　　　W200mm ×
　　　H400mm
材质：金属镀钛、
　　　玻璃
风格：现代轻奢

编号：壁灯 41
品牌：Corbett
规格：L350mm × W100mm ×
　　　H350mm
材质：金属镀钛、玻璃
风格：现代轻奢
参考价：5560 元

编号：壁灯 42
品牌：Corbett
规格：L150mm × W100mm ×
　　　H430mm
材质：金属镀钛、水晶
风格：现代轻奢
参考价：3099 元

编号：壁灯 44
品牌：d'Armes
规格：L250mm ×
　　　W200mm ×
　　　H1000mm
材质：金属镀钛、
　　　流苏
风格：现代轻奢

编号：壁灯 45
品牌：DLdesignworks
规格：L120mm×W170mm×
　　　H500mm
材质：金属镀钛、玻璃
风格：现代轻奢
参考价：923 元

编号：壁灯 46
品牌：Fabbian
规格：L280mm×H650mm
材质：实木
风格：现代简约
参考价：3662 元

编号：壁灯 47
品牌：Fontana Arte
规格：L370mm×H270mm
材质：铜、水晶
风格：现代轻奢

壁灯

编号：壁灯 48
品牌：GINGER & JAGGER
规格：L450mm×W130mm×
　　　H560mm
材质：大理石、铜
风格：现代轻奢

编号：壁灯 49
品牌：Frank Ponterio
规格：L220mm×W100mm×
　　　H400mm
材质：铜
风格：现代轻奢

编号：壁灯 50
品牌：Hammerton
规格：L150mm×W170mm×
　　　H480mm
材质：金属镀钛、玻璃
风格：现代轻奢
参考价：4597 元

编号：壁灯 51
品牌：Hudson Valley
规格：L110mm×W170mm×
　　　H330mm
材质：金属镀钛、玻璃
风格：现代轻奢
参考价：1652 元

编号：壁灯 52
品牌：Hudson Valley
规格：L120mm×W50mm×
　　　H330mm
材质：金属镀钛、云石
风格：现代轻奢
参考价：2319 元

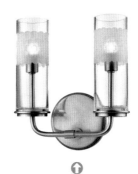

编号：壁灯 53
品牌：Hudson Valley
规格：L120mm × W80mm ×
　　　H580mm
材质：金属镀钛、铁艺
风格：现代简约
参考价：1985 元

编号：壁灯 54
品牌：Hudson Valley
规格：L220mm × W70mm ×
　　　H250mm
材质：金属镀钛、玻璃
风格：现代轻奢
参考价：2090 元

编号：壁灯 55
品牌：Hudson Valley
规格：L240mm × W120mm ×
　　　H430mm
材质：金属镀钛、玻璃
风格：现代轻奢
参考价：2580 元

编号：壁灯 56
品牌：Hudson Valley
规格：L280mm × W300mm ×
　　　H500mm
材质：金属镀钛、玻璃
风格：现代轻奢
参考价：2712 元

编号：壁灯 57
品牌：Hudson Valley
规格：L100mm × W120mm ×
　　　H400mm
材质：金属镀钛、玻璃
风格：现代美式

编号：壁灯 58
品牌：Hudson Valley
规格：L120mm × W150mm ×
　　　H480mm
材质：金属镀钛、玻璃
风格：现代轻奢
参考价：1589 元

编号：壁灯 59
品牌：ITALAMP
规格：L140mm × H340mm
材质：金属镀钛、玻璃
风格：现代简约

编号：壁灯 60
品牌：JBS Chaillot Sconce
规格：L45mm × W53mm ×
　　　H155mm
材质：金属镀钛、玻璃
风格：现代轻奢

壁灯

编号：壁灯 62
品牌：Jonathan Browning
规格：L100mm × W120mm × H530mm
材质：铜、水晶
风格：现代美式

编号：壁灯 61
品牌：Jonathan Browning
规格：L200mm × W150mm × H330mm
材质：铜
风格：现代轻奢

编号：壁灯 63
品牌：Jonathan Browning
规格：L110mm × W100mm × H290mm
材质：铜、玻璃
风格：现代轻奢

壁灯

编号：壁灯 64
品牌：Jonathan Browning
规格：L110mm × W170mm ×
　　　H480mm
材质：铜、玻璃
风格：现代轻奢

编号：壁灯 66
品牌：Kelly Wearstler
规格：L150mm × W60mm ×
　　　H600mm
材质：金属镀钛、玻璃
风格：现代轻奢
参考价：4582 元

编号：壁灯 65
品牌：Kelly Wearstler
规格：L120mm × W100mm ×
　　　H530mm
材质：金属镀钛、玻璃
风格：现代轻奢
参考价：3953 元

编号：壁灯 67
品牌：Kelly Wearstler
规格：L150mm × W120mm ×
　　　H430mm
材质：金属镀钛、玻璃
风格：现代轻奢
参考价：3193 元

编号：壁灯 68
品牌：Lawson-Fenning
规格：L130mm × W110mm ×
　　　H530mm
材质：金属镀钛
风格：现代轻奢

编号：壁灯 69
品牌：Luna
规格：L600mm × W50mm ×
　　　H370mm
材质：铜、玻璃
风格：现代轻奢

编号：壁灯 70
品牌：MARIAN JAMIESON
规格：L150mm × W120mm ×
　　　H600mm
材质：金属镀钛、玻璃
风格：现代轻奢

壁灯

编号：壁灯 71
品牌：Mitzi
规格：L100mm × W100mm ×
　　　H220mm
材质：金属镀钛
风格：现代轻奢
参考价：1079 元

编号：壁灯 72
品牌：Mitzi
规格：L100mm × W170mm ×
　　　H270mm
材质：金属镀钛、铁艺
风格：现代简约
参考价：1092 元

编号：壁灯 73
品牌：Mitzi
规格：L120mm × W100mm ×
　　　H430mm
材质：金属镀钛、玻璃
风格：现代简约
参考价：1092 元

编号：壁灯 74
品牌：Mitzi
规格：L100mm × W120mm ×
　　　H480mm
材质：金属镀钛、玻璃
风格：现代轻奢
参考价：1350 元

壁灯

编号：壁灯 75
品牌：Mitzi
规格：D150mm × H450mm
材质：金属镀钛、铁艺、玻璃
风格：现代简约
参考价：1600 元

编号：壁灯 76
品牌：RoanoakCo
规格：L127mm × W133mm × H229mm
材质：金属镀钛、实木
风格：现代简约
参考价：1322 元

编号：壁灯 77
品牌：Roll & Hill
规格：L130mm × W150mm × H360mm
材质：金属镀钛
风格：现代简约

编号：壁灯 78
品牌：Serip
规格：L530mm × W250mm × H630mm
材质：铜、水晶
风格：现代轻奢

编号：壁灯 79
品牌：Stefan sconce
规格：L140mm × W120mm × H500mm
材质：金属镀钛、玻璃
风格：现代轻奢
参考价：2855 元

编号：壁灯 80
品牌：Troy Light
规格：L120mm × W150mm × H330mm
材质：铁艺、玻璃
风格：现代美式
参考价：1092 元

编号：壁灯 81
品牌：Troy Light
规格：L150mm × W120mm × H480mm
材质：金属镀钛、铁艺、玻璃
风格：现代美式
参考价：2046 元

编号：壁灯 82
品牌：TUELL
规格：L300mm × W120mm × H380mm
材质：金属镀钛、铁艺
风格：现代轻奢

编号：壁灯 83
品牌：WORKSTEAD
规格：L120mm×W80mm×
　　　H250mm
材质：橡木、铜
风格：现代简约
参考价：4946 元

编号：壁灯 87
品牌：兰亭集势
规格：L320mm×H500mm
材质：金属镀钛
风格：现代轻奢
参考价：628 元

编号：壁灯 84
品牌：WORKSTEAD
规格：L220mm×W190mm×
　　　H580mm
材质：铜、玻璃
风格：现代轻奢
参考价：6271 元

编号：壁灯 88
品牌：最灯饰
规格：L100mm×
　　　W115mm×
　　　H700mm
材质：铁艺、玻璃
风格：新中式
参考价：800 元

编号：壁灯 85
品牌：兰亭集势
规格：L230mm×H880mm
材质：金属镀钛、玻璃
风格：现代轻奢
参考价：1780 元

编号：壁灯 89
品牌：最灯饰
规格：L120mm×
　　　W190mm×
　　　H300mm
材质：金属镀钛、水晶
风格：现代轻奢
参考价：523 元

编号：壁灯 86
品牌：兰亭集势
规格：L300mm×H800mm
材质：金属镀钛
风格：现代轻奢
参考价：3980 元

编号：壁灯 90
品牌：最灯饰
规格：L130mm×
　　　W120mm×
　　　H620mm
材质：金属镀钛、云石
风格：现代轻奢
参考价：407 元

编号：壁灯 93
品牌：最灯饰
规格：L175mm ×
　　　W145mm ×
　　　H220mm
材质：金属镀钛、玻璃
风格：现代轻奢
参考价：322 元

编号：壁灯 95
品牌：最灯饰
规格：L180mm ×
　　　W190mm ×
　　　H480mm
材质：金属镀钛、
　　　布罩
风格：新中式
参考价：545 元

壁灯

编号：壁灯 91
品牌：最灯饰
规格：L130mm × W210mm ×
　　　H180mm
材质：金属镀钛、玻璃
风格：现代轻奢
参考价：413 元

编号：壁灯 94
品牌：最灯饰
规格：L180mm ×
　　　W150mm ×
　　　H240mm
材质：金属镀钛、云石
风格：现代轻奢
参考价：480 元

编号：壁灯 96
品牌：最灯饰
规格：D200mm ×
　　　H205mm
材质：金属镀钛、云石
风格：新中式
参考价：500 元

编号：壁灯 92
品牌：最灯饰
规格：L150mm × W285mm ×
　　　H600mm
材质：金属镀钛、玻璃
风格：现代轻奢
参考价：484 元

编号：壁灯 97
品牌：最灯饰
规格：L200mm ×
　　　W260mm ×
　　　H350mm
材质：金属镀钛、玻璃
风格：现代轻奢
参考价：736 元

编号：壁灯 98
品牌：最灯饰
规格：L210mm ×
　　　W170mm ×
　　　H800mm
材质：铁艺
风格：新中式
参考价：600 元

编号：壁灯 99
品牌：最灯饰
规格：L310mm ×
　　　W210mm ×
　　　H680mm
材质：金属镀钛、
　　　玻璃
风格：现代美式
参考价：798 元

编号：壁灯 100
品牌：最灯饰
规格：L445mm ×
　　　W180mm ×
　　　H1100mm
材质：金属镀钛、
　　　布罩
风格：现代美式
参考价：886 元

5 吸顶灯

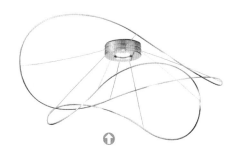

编号：吸顶灯 1
品牌：Axolight
规格：L1000mm × W920 × H390mm
材质：金属镀钛
风格：现代简约

编号：吸顶灯 2
品牌：Roll & Hill
规格：L890mm × W860mm × H100mm
材质：金属镀钛
风格：现代简约

编号：吸顶灯 3
品牌：Alastor
规格：D480mm × H150mm
材质：金属镀钛、亚克力
风格：现代美式

编号：吸顶灯 4
品牌：ARTERIORS HOME
规格：D910mm × H380mm
材质：金属镀钛
风格：现代轻奢
参考价：15480 元

编号：吸顶灯 5
品牌：Belfair
规格：D430mm × H220mm
材质：铁艺、云石片、亚克力
风格：现代美式
参考价：2592 元

编号：吸顶灯 6
品牌：CARLYLE COLLECTIVE
规格：L780mm × W420mm ×
　　　H85mm
材质：金属镀钛、玻璃
风格：现代轻奢

编号：吸顶灯 7
品牌：Clover
规格：D450mm × H300mm
材质：金属镀钛、水晶
风格：现代轻奢
参考价：3747 元

编号：吸顶灯 8
品牌：Corbett
规格：D450mm × H250mm
材质：金属镀钛、玻璃
风格：现代轻奢
参考价：2090 元

吸顶灯

编号：吸顶灯 9
品牌：Corbett
规格：D450mm×H280mm
材质：金属镀钛、水晶
风格：现代轻奢
参考价：13586 元

编号：吸顶灯 10
品牌：Corbett
规格：D450mm×H430mm
材质：金属镀钛、水晶
风格：现代美式
参考价：16002 元

编号：吸顶灯 11
品牌：Corbett
规格：D500mm×H280mm
材质：金属镀钛、布罩
风格：现代美式
参考价：13167 元

吸顶灯

编号：吸顶灯 12
品牌：Corbett
规格：D500mm×H300mm
材质：金属镀钛、水晶
风格：现代轻奢
参考价：9505 元

编号：吸顶灯 13
品牌：Corbett
规格：D960mm×H150mm
材质：金属镀钛、玻璃
风格：现代轻奢
参考价：9405 元

编号：吸顶灯 14
品牌：Currey & Company
规格：D480mm×H110mm
材质：金属镀钛、云石片
风格：现代美式
参考价：6140 元

编号：吸顶灯 15
品牌：DANA JOHN
规格：L1060mm×W350mm×
　　　H380mm
材质：铜丝
风格：现代简约
参考价：58600 元

编号：吸顶灯 16
品牌：ELK Lighting
规格：D530mm×H150mm
材质：金属镀钛、玻璃
风格：现代美式
参考价：3675 元

编号：吸顶灯 17
品牌：HINKLEY
规格：D380mm×H200mm
材质：金属镀钛、水晶
风格：现代美式

编号：吸顶灯 18
品牌：ET2
规格：D730mm×H270mm
材质：铁艺、亚克力
风格：现代简约
参考价：7095 元

编号：吸顶灯 19
品牌：Hudson Valley
规格：D330mm×H120mm
材质：金属镀钛、铁艺、玻璃
风格：现代美式
参考价：2369 元

编号：吸顶灯 20
品牌：Hudson Valley
规格：D350mm×H150mm
材质：金属镀钛、水晶、亚克力
风格：现代美式
参考价：6988 元

编号：吸顶灯 21
品牌：Hudson Valley
规格：D380mm×H250mm
材质：金属镀钛、玻璃
风格：现代美式
参考价：5591 元

编号：吸顶灯 22
品牌：Hudson Valley
规格：D400mm×H170mm
材质：金属镀钛、布罩、亚克力
风格：现代美式
参考价：5990 元

编号：吸顶灯 23
品牌：Hudson Valley
规格：D430mm×H170mm
材质：金属镀钛、布罩、亚克力
风格：现代美式
参考价：4195 元

编号：吸顶灯 24
品牌：Hudson Valley
规格：D910mm×H350mm
材质：金属镀钛、玻璃
风格：现代轻奢
参考价：7698 元

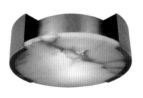

编号：吸顶灯 25
品牌：Kelly Wearstler
规格：D350mm×H110mm
材质：金属镀钛、云石片
风格：现代美式
参考价：5945 元

编号：吸顶灯 26
品牌：Limited Edition
规格：D670mm×H310mm
材质：金属镀钛、玻璃
风格：现代轻奢

吸顶灯

编号：吸顶灯 27
品牌：Mitzi
规格：D280mm×H150mm
材质：金属镀钛、玻璃
风格：现代轻奢
参考价：1577 元

编号：吸顶灯 28
品牌：MURANO
规格：D730mm×H630mm
材质：金属镀钛、水晶、亚克力
风格：现代美式

编号：吸顶灯 29
品牌：Orrefors
规格：D530mm×H250mm
材质：金属镀钛、玻璃
风格：现代轻奢

吸顶灯

编号：吸顶灯 30
品牌：Palisade
规格：D380mm×H300mm
材质：金属镀钛、玻璃
风格：现代美式
参考价：2825 元

编号：吸顶灯 31
品牌：REMAINS LIGHTING
规格：D450mm×H170mm
材质：金属镀钛、水晶
风格：现代轻奢

编号：吸顶灯 32
品牌：Sputnik
规格：D600mm×H250mm
材质：金属镀钛
风格：现代轻奢

编号：吸顶灯 33
品牌：Troy Lighting
规格：D320mm×H310mm
材质：金属镀钛、玻璃
风格：现代美式
参考价：5497 元

编号：吸顶灯 34
品牌：Troy Lighting
规格：D330mm×H120mm
材质：金属镀钛、玻璃
风格：现代美式
参考价：2375 元

编号：吸顶灯 35
品牌：Troy Lighting
规格：D450mm×H220mm
材质：铁艺、布罩
风格：现代美式
参考价：4817 元

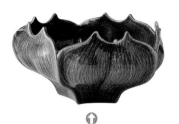

编号：摆件 6
品牌：环球视野
材质：陶瓷
风格：现代简约
规格：D210mm × H533mm
参考价：2497 元

规格：L381mm × W203mm × H305mm
参考价：2219 元

编号：摆件 7
品牌：环球视野
规格：D280mm × H140mm
材质：陶瓷
风格：现代简约
参考价：1386 元

编号：摆件 8
品牌：环球视野
规格：D254mm × H279mm
材质：铁
风格：现代简约
参考价：2219 元

编号：摆件 9
品牌：环球视野
材质：铜
风格：现代简约
规格：L685mm × W228mm × H685mm
参考价：2775 元

规格：L406mm × W127mm × H406mm
参考价：2219 元

编号：摆件 10
品牌：环球视野
规格：L1194mm × W3050mm × H1090mm
材质：铁
风格：现代简约
参考价：16664 元

摆件

编号：摆件 12
品牌：环球视野
规格：L609mm ×
　　　W152mm ×
　　　H762mm
材质：铁、大理石
风格：现代简约
参考价：4997 元

编号：摆件 11
品牌：环球视野
规格：L215mm × W762mm × H279mm
材质：铜、铁、大理石
风格：现代简约
参考价：3608 元

编号：摆件 13
品牌：环球视野
规格：L457mm × W311mm × H63mm
材质：牛皮、中纤板、铜
风格：现代简约
参考价：3331 元

编号：摆件 14
品牌：环球视野
规格：L584mm ×
　　　W228mm ×
　　　H698mm
材质：铁
风格：现代简约
参考价：2775 元

编号：摆件 15
品牌：环球视野
材质：黄铜
风格：现代简约
规格：D60mm × H50mm
参考价：3608 元

规格：D40mm × H38mm
参考价：2219 元

编号：摆件 17
品牌：环球视野
规格：L292mm × W88mm × H406mm
材质：铁、大理石
风格：现代简约
参考价：1553 元

编号：摆件 16
品牌：环球视野
材质：铁、大理石
风格：现代简约
规格：L177mm × W114mm × H666mm
参考价：2275 元

规格：L101mm × W114mm × H419mm
参考价：1386 元

编号：摆件 18
品牌：环球视野
规格：L520mm × W457mm × H254mm
材质：铁
风格：现代简约
参考价：10164 元

编号：摆件 20
品牌：环球视野
材质：玻璃
风格：现代简约
规格：D215mm × H457mm
参考价：2219 元

规格：D177mm × H381mm
参考价：1108 元

规格：D190mm × H273mm
参考价：997 元

编号：摆件 19
品牌：环球视野
规格：L863mm × W203mm × H901mm
材质：铁、大理石
风格：现代简约
参考价：11247 元

编号：摆件 22
品牌：环球视野
规格：L254mm×
　　　W228mm×
　　　H431mm
材质：陶瓷
风格：现代简约
参考价：7219 元

编号：摆件 21
品牌：环球视野
材质：铁艺
风格：现代简约
规格：L380mm×W130mm×H216mm
参考价：2497 元

规格：L305mm×W100mm×H170mm
参考价：2219 元

编号：摆件 23
品牌：环球视野
规格：D228mm×
　　　H279mm
材质：陶瓷
风格：现代简约
参考价：2775 元

摆件

编号：摆件 25
品牌：环球视野
材质：陶瓷
风格：新中式
规格：D139mm×
　　　H317mm
参考价：831 元

规格：D190mm×
　　　H469mm
参考价：1386 元

编号：摆件 24
品牌：环球视野
材质：玻璃、金箔
风格：现代简约
规格：D88mm×H190mm
参考价：1664 元

规格：D127mm×H254mm
参考价：1942 元

规格：D108mm×H323mm
参考价：1664 元

编号：摆件 26
品牌：环球视野
材质：陶瓷
风格：现代简约
规格：L317mm×
　　　W95mm×
　　　H323mm
参考价：1664 元

规格：L209mm×
　　　W82mm×
　　　H215mm
参考价：997 元

编号：摆件 27
品牌：环球视野
规格：L203mm×W133mm×
　　　H298mm
材质：陶瓷
风格：现代简约
参考价：1108 元

编号：摆件 28
品牌：环球视野
规格：L184mm×W95mm×
　　　H222mm
材质：陶瓷
风格：现代简约
参考价：831 元

编号：摆件 29
品牌：环球视野
规格：L228mm×W95mm×
　　　H158mm
材质：陶瓷
风格：现代简约
参考价：831 元

编号：摆件 30
品牌：环球视野
材质：陶瓷
风格：现代简约
规格：D127mm×H285mm
参考价：1386 元

规格：D101mm×H241mm
参考价：1108 元

规格：D76mm×H190mm
参考价：997 元

编号：摆件 32
品牌：环球视野
材质：黄铜
风格：现代简约
规格：L101mm×W101mm×
　　　H228mm
参考价：3608 元

规格：L101mm×W101mm×
　　　H177mm
参考价：2775 元

规格：L101mm×W101mm×
　　　H127mm
参考价：2219 元

编号：摆件 31
品牌：环球视野
规格：D101mm×H171mm
　　　D101mm×H235mm
　　　D127mm×H387mm
材质：木、黄铜
风格：现代简约
参考价：2219 元

编号：摆件 33
品牌：环球视野
材质：中纤板
风格：现代简约
规格：L533mm × W400mm × H50mm
参考价：4997 元

规格：L381mm × W209mm × H50mm
参考价：4164 元

编号：摆件 34
品牌：环球视野
规格：D404mm × H88mm
材质：黄铜
风格：现代简约
参考价：3608 元

摆件

编号：摆件 35
品牌：环球视野
规格：L558mm × W304mm × H266mm
材质：陶瓷
风格：现代简约
参考价：6942 元

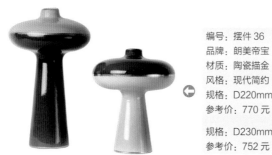

编号：摆件 36
品牌：朗美帝宝
材质：陶瓷描金
风格：现代简约
规格：D220mm × H370mm
参考价：770 元

规格：D230mm × H270mm
参考价：752 元

编号：摆件 37
品牌：朗美帝宝
材质：陶瓷描金
风格：新中式
规格：D180mm × H320mm
参考价：1200 元

规格：D155mm × H230mm
参考价：1160 元

编号：摆件 38
品牌：朗美帝宝
材质：陶瓷
风格：现代简约
规格：L210mm×W210mm×H365mm
参考价：1000 元

规格：L135mm×W135mm×H315mm
参考价：1040 元

规格：L230mm×W230mm×H405mm
参考价：2184 元

编号：摆件 39
品牌：朗美帝宝
规格：L360mm×W210mm×
　　　H140mm
材质：天然石材、中纤板
风格：现代简约
参考价：1218 元

编号：摆件 40
品牌：朗美帝宝
材质：中纤板
风格：现代简约
规格：L275mm×W150mm×
　　　H100mm
参考价：504 元

规格：L200mm×W125mm×
　　　H100mm
参考价：383 元

编号：摆件 42
品牌：朗美帝宝
材质：玻璃
风格：现代简约
规格：D140mm×H565mm
参考价：480 元

规格：D225mm×H520mm
参考价：670 元

规格：D215mm×H410mm
参考价：560 元

摆件

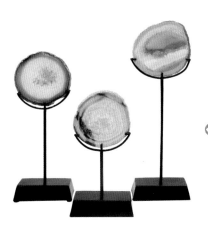

编号：摆件 41
品牌：米兰
材质：铁、玛瑙
风格：现代简约
规格：L100mm×W60mm×
　　　H240mm
参考价：680 元

规格：L100mm×W60mm×
　　　H185mm
参考价：680 元

规格：L100mm×W60mm×
　　　H120mm
参考价：680 元

编号：摆件 43
品牌：米兰
规格：L220mm×W170mm×
　　　H120mm
材质：合金
风格：新中式
参考价：720 元

编号：摆件 44
品牌：朗美帝宝
材质：陶瓷描金
风格：新中式
规格：D140mm × H360mm
参考价：680 元

规格：D150mm × H270mm
参考价：980 元

规格：D200mm × H350mm
参考价：1200 元

编号：摆件 46
品牌：米兰
材质：陶瓷、金属
风格：现代简约
规格：L200mm × W200mm ×
　　　H440mm
参考价：1524 元

规格：L230mm × W230mm ×
　　　H380mm
参考价：1524 元

摆件

编号：摆件 45
品牌：米兰
材质：铝
风格：现代简约
规格：L290mm × W290mm ×
　　　H380mm
参考价：3060 元

规格：L205mm × W205mm ×
　　　H280mm
参考价：2340 元

编号：摆件 47
品牌：米兰
材质：铝
风格：现代简约
规格：L178mm × W178mm ×
　　　H230mm
参考价：935 元

规格：L140mm × W140mm ×
　　　H175mm
参考价：770 元

规格：L115mm × W115mm ×
　　　H125mm
参考价：605 元

编号：摆件 48
品牌：米兰
材质：陶瓷
风格：新中式
规格：L130mm × W130mm ×
　　　H210mm
参考价：408 元

规格：L135mm × W100mm ×
　　　H285mm
参考价：330 元

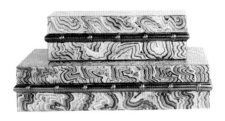

编号：摆件 49
品牌：朗美帝宝
材质：中纤板、描金
风格：现代简约
规格：L320mm×W115mm×H90mm
参考价：680 元

规格：L420mm×W215mm×H90mm
参考价：840 元

编号：摆件 50
品牌：曼尼特
规格：L270mm×W120mm×
H450mm
材质：树脂、金属
风格：现代简约
参考价：800 元

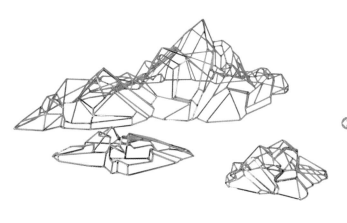

编号：摆件 51
品牌：曼尼特
材质：金属
风格：现代简约
规格：L130mm×W340mm×H80mm
参考价：900 元

规格：L340mm×W210mm×H130mm
参考价：1050 元

规格：L920mm×W270mm×H370mm
参考价：3200 元

编号：摆件 52
品牌：曼尼特
规格：L400mm×W230mm×H610mm
材质：铁艺、树脂
风格：现代简约
参考价：3200 元

编号：摆件 53
品牌：曼尼特
规格：L220mm×W70mm×H120mm
材质：陶瓷
风格：现代简约
参考价：680 元

摆件

编号：摆件 55
品牌：米兰
规格：L900mm × W190mm × H140mm
材质：金属、高温陶瓷
风格：新中式
参考价：4240 元

编号：摆件 54
品牌：曼尼特
材质：树脂、石材
风格：现代简约
规格：L330mm × W150mm × H470mm
参考价：1150 元

规格：L300mm × W170mm × H520mm
参考价：1350 元

规格：L370mm × W150mm × H590mm
参考价：1380 元

摆件

编号：摆件 56
品牌：米兰
规格：L285mm × W220mm ×
　　　H610mm
材质：合金、亚克力
风格：新中式
参考价：4000 元

编号：摆件 57
品牌：米兰
材质：铁、合金
风格：新中式
规格：L215mm × W85mm ×
　　　H405mm
参考价：1400 元

规格：L300mm × W85mm ×
　　　H225mm
参考价：1400 元

规格：L345mm × W85mm ×
　　　H160mm
参考价：1400 元

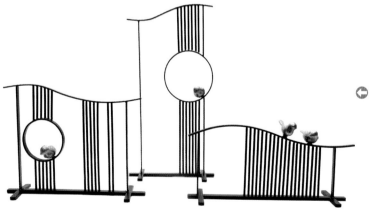

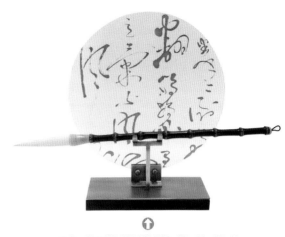

编号：摆件 58
品牌：米兰
规格：L615mm × W150mm × H735mm
材质：铁、亚克力、毛笔
风格：新中式
参考价：4020 元

编号：摆件 59
品牌：米兰
规格：L500mm × W100mm × H340mm
材质：铁、毛笔、亚克力
风格：新中式
参考价：2750 元

编号：摆件 61
品牌：米兰
规格：L245mm × W245mm ×
　　　H310mm
材质：铁、亚克力、木
风格：新中式
参考价：1690 元

编号：摆件 60
品牌：米兰
规格：L250mm × W160mm × H140mm
材质：铁、玛瑙
风格：新中式
参考价：1200 元

编号：摆件 62
品牌：米兰
规格：L225mm × W50mm × H440mm
　　　L180mm × W40mm × H385mm
　　　L190mm × W35mm × H360mm
　　　L225mm × W35mm × H320mm
　　　L350mm × W35mm × H255mm
材质：铁、亚克力
风格：新中式
参考价：1150 元（单个）

编号：摆件 63
品牌：米兰
材质：铜、大理石、亚克力
风格：新中式
规格：L140mm × W50mm × H420mm
参考价：1820 元

规格：L140mm × W50mm × H300mm
参考价：1820 元

规格：L175mm × W50mm × H250mm
参考价：1820 元

编号：摆件 65
品牌：米兰
规格：L177mm × W98mm × H245mm
材质：铁
风格：现代简约
参考价：630 元

摆件

编号：摆件 64
品牌：米兰
规格：L508mm × W115mm × H310mm
材质：古铜
风格：新中式
参考价：3840 元

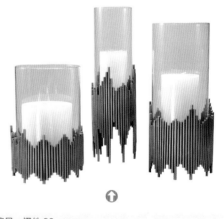

编号：摆件 66
品牌：米兰
材质：黄铜、玻璃
风格：新中式
规格：L100mm × W100mm × H330mm
参考价：1659 元

规格：L130mm × W130mm × H290mm
参考价：1711 元

规格：L150mm × W150mm × H220mm
参考价：1750 元

编号：摆件 67
品牌：米兰
规格：L462mm × W165mm × H120mm
材质：铁、亚克力
风格：新中式
参考价：1520 元

编号：摆件 68
品牌：米兰
材质：高温陶瓷、金属
风格：新中式
规格：L170mm × W170mm × H380mm
参考价：1320 元

规格：L220mm × W220mm × H260mm
参考价：1350 元

编号：摆件 69
品牌：米兰
规格：L460mm × W180mm × H200mm
材质：高温陶瓷
风格：新中式
参考价：1860 元

编号：摆件 70
品牌：米兰
规格：L620mm × W210mm × H70mm
材质：高温陶瓷、金属
风格：新中式
参考价：2600 元

编号：摆件 71
品牌：米兰
材质：高温陶瓷、金属
风格：新中式
规格：L118mm × W118mm × H368mm
参考价：1010 元

规格：L248mm × W248mm × H170mm
参考价：730 元

编号：摆件 72
品牌：米兰
材质：高温陶瓷、金属
风格：新中式
规格：L190mm × W190mm × H340mm
参考价：363 元

规格：L170mm × W170mm × H250mm
参考价：299 元

规格：L160mm × W160mm × H170mm
参考价：258 元

编号：摆件 73
品牌：米兰
材质：高温陶瓷
风格：新中式
规格：L220mm × W135mm × H130mm
参考价：980 元

规格：L80mm × W80mm × H63mm
参考价：266 元

规格：L400mm × W270mm × H65mm
参考价：1480 元

规格：L100mm × W100mm × H110mm
参考价：450 元

摆件

编号：摆件 75
品牌：米兰
材质：高温陶瓷、金属
风格：新中式
规格：L280mm × W110mm × H380mm
参考价：1045 元

规格：L160mm × W75mm × H170mm
参考价：583 元

规格：L200mm × W200mm × H220mm
参考价：1089 元

编号：摆件 74
品牌：米兰
规格：L490mm × W100mm × H315mm
材质：高温陶瓷、金属
风格：新中式
参考价：2340 元

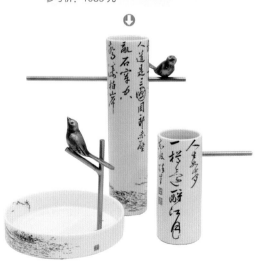

编号：摆件 76
品牌：米兰
材质：高温陶瓷、金属
风格：新中式
规格：L220mm × W220mm × H370mm
参考价：1650 元

规格：L220mm × W220mm × H310mm
参考价：1580 元

规格：L310mm × W310mm × H285mm
参考价：1980 元

规格：L225mm × W225mm × H220mm
参考价：1580 元

编号：摆件 77
品牌：米兰
材质：高温陶瓷、金属
风格：新中式
规格：L160mm × W125mm × H400mm
参考价：1280 元

规格：L170mm × W140mm × H320mm
参考价：1280 元

规格：L160mm × W150mm × H250mm
参考价：1150 元

编号：摆件 78
品牌：米兰
规格：L550mm × W230mm × H200mm
材质：高温陶瓷、金属
风格：新中式
参考价：4380 元

摆件

编号：摆件 79
品牌：米兰
材质：高温陶瓷、金属
风格：新中式
规格：L200mm × W50mm × H130mm
参考价：980 元

规格：L155mm × W45mm × H100mm
参考价：900 元

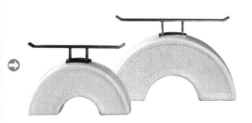

编号：摆件 80
品牌：米兰
材质：高温陶瓷
风格：新中式
规格：L150mm × W150mm × H340mm
参考价：1012 元

规格：L125mm × W125mm × H215mm
参考价：759 元

编号：摆件 81
品牌：米兰
材质：高温陶瓷
风格：现代简约
规格：L77mm × W61mm × H300mm
参考价：600 元

规格：L88mm × W70mm × H216mm
参考价：530 元

规格：L101mm × W78mm × H142mm
参考价：450 元

编号：摆件 83
品牌：米兰
规格：L234mm × W234mm ×
　　　H250mm
材质：高温陶瓷、金属
风格：新中式
参考价：269 元

摆件

编号：摆件 82
品牌：米兰
材质：高温陶瓷
风格：新中式
规格：L100mm × W100mm × H300mm
参考价：580 元

规格：L87mm × W87mm × H222mm
参考价：460 元

规格：L91mm × W91mm × H170mm
参考价：430 元

规格：L113mm × W113mm × H135mm
参考价：450 元

编号：摆件 84
品牌：米兰
材质：高温陶瓷
风格：新中式
规格：L118mm × W118mm ×
　　　H320mm
参考价：720 元

规格：L118mm × W118mm ×
　　　H241mm
参考价：630 元

规格：L142mm × W142mm ×
　　　H179mm
参考价：600 元

编号：摆件 85
品牌：米兰
材质：高温陶瓷
风格：现代简约
规格：L130mm × W130mm ×
　　　H330mm
参考价：960 元

规格：L150mm × W150mm ×
　　　H280mm
参考价：960 元

规格：L180mm × W180mm ×
　　　H205mm
参考价：960 元

编号：摆件 86
品牌：米兰
规格：D350mm × H420mm
材质：高温陶瓷
风格：新中式
参考价：1200 元

编号：摆件 87
品牌：米兰
材质：高温陶瓷
风格：现代简约
规格：L130mm × W130mm × H160mm
参考价：750 元

规格：L120mm × W120mm × H150mm
参考价：650 元

规格：L130mm × W130mm × H110mm
参考价：630 元

规格：L130mm × W130mm × H70mm
参考价：480 元

编号：摆件 88
品牌：米兰
材质：高温陶瓷
风格：新中式
规格：L100mm × W100mm × H410mm
参考价：750 元

规格：L150mm × W150mm × H340mm
参考价：750 元

规格：L120mm × W120mm × H345mm
参考价：680 元

规格：L190mm × W190mm × H240mm
参考价：780 元

编号：摆件 89
品牌：米兰
材质：高温陶瓷
风格：新中式
规格：L100mm × W100mm ×
　　　H360mm
参考价：630 元

规格：L90mm × W90mm ×
　　　H260mm
参考价：450 元

规格：L120mm × W120mm ×
　　　H160mm
参考价：330 元

摆件

编号：摆件 90
品牌：米兰
材质：高温陶瓷
风格：现代简约
规格：L90mm × W90mm × H260mm
参考价：520 元

规格：L120mm × W120mm × H170mm
参考价：520 元

规格：L160mm × W160mm × H110mm
参考价：580 元

编号：摆件 91
品牌：米兰
材质：高温陶瓷、金属
风格：新中式
规格：L150mm × W120mm × H250mm
参考价：930 元

规格：L160mm × W130mm × H200mm
参考价：930 元

编号：摆件 92
品牌：米兰
材质：高温陶瓷
风格：新中式
规格：L160mm×W139mm×H311mm
参考价：1278 元

规格：L166mm×W139mm×H295mm
参考价：1278 元

规格：L248mm×W140mm×H242mm
参考价：1278 元

规格：L243mm×W139mm×H218mm
参考价：1263 元

规格：L231mm×W139mm×H195mm
参考价：1233 元

编号：摆件 93
品牌：米兰
材质：高温陶瓷、金属
风格：新中式
规格：L145mm×W145mm×H295mm
参考价：1030 元

规格：L185mm×W185mm×H245mm
参考价：1030 元

摆件

编号：摆件 96
品牌：索顿
材质：陶瓷、金箔
风格：新中式
规格：L250mm×W240mm×
　　　H190mm
参考价：668 元

规格：L270mm×W270mm×
　　　H340mm
参考价：866 元

规格：L160mm×W160mm×
　　　H180mm
参考价：480 元

编号：摆件 94
品牌：米兰
规格：D230mm×H360mm
材质：高温陶瓷结晶釉
风格：新中式
参考价：980 元

编号：摆件 95
品牌：米兰
规格：L260mm×W85mm×H310mm
材质：铜、铁、亚克力、陶瓷
风格：新中式
参考价：917 元

编号：摆件 98
品牌：索顿
材质：陶瓷
风格：新中式
规格：L115mm×W105mm×H470mm
参考价：1424 元

规格：L125mm×W125mm×H265mm
参考价：944 元

规格：L115mm×W100mm×H290mm
参考价：1024 元

编号：摆件 97
品牌：索顿
材质：陶瓷、铜
风格：新中式
规格：D300mm×H540mm
参考价：2406 元

规格：D280mm×H450mm
参考价：1918 元

编号：摆件 99
品牌：索顿
材质：陶瓷
风格：新中式
规格：D280mm×H320mm
参考价：1088 元

规格：D140mm×H110mm
参考价：638 元

规格：D145mm×H220mm
参考价：938 元

规格：D135mm×H400mm
参考价：1168 元

编号：摆件 100
品牌：索顿
材质：陶瓷描金
风格：新中式
规格：D240mm×H300mm
参考价：1426 元

规格：D270mm×H470mm
参考价：1996 元

规格：D260mm×H480mm
参考价：1996 元

摆件

编号：摆件101
品牌：米兰
规格：L240mm×W140mm×H90mm
材质：铁、海螺片
风格：现代简约
参考价：1670元

编号：摆件104
品牌：UTT
规格：L101mm×W266mm×H469mm
材质：铁、玻璃、玛瑙
风格：现代简约
参考价：2105元

摆件

编号：摆件102
品牌：UTT
规格：L127mm×W311mm×H374mm
材质：合金
风格：美式
参考价：2615元

编号：摆件105
品牌：UTT
规格：L203mm×W508mm×H610mm
材质：铁、大理石、玻璃
风格：现代简约
参考价：3215元

编号：摆件103
品牌：UTT
规格：L114mm×W228mm×H88mm
材质：铁
风格：美式
参考价：1712元

编号：摆件106
品牌：UTT
规格：L102mm×W178mm×H229mm
材质：大理石、玛瑙
风格：现代简约
参考价：3805元

编号：摆件 108
品牌：UTT
规格：L102mm × W178mm × H440mm
材质：金属、玛瑙、玻璃
风格：现代简约
参考价：3625 元

编号：摆件 107
品牌：UTT
规格：L101mm × W457mm × H508mm
材质：铁
风格：美式
参考价：3365 元

编号：摆件 109
品牌：UTT
规格：L152mm × W152mm × H610mm
　　　L178mm × W178mm × H508mm
材质：玻璃、铁
风格：现代简约
参考价：3245 元

编号：摆件 110
品牌：UTT
规格：L101mm × W152mm ×
　　　H610mm
材质：树脂
风格：美式
参考价：1180 元

编号：摆件 111
品牌：UTT
规格：L152mm × W203mm ×
　　　H660mm
材质：树脂
风格：美式
参考价：1580 元

编号：摆件 112
品牌：UTT
规格：D127mm × H664mm
　　　D127mm × H584mm
材质：钢、混凝土
风格：现代简约
参考价：2425 元

编号：摆件 113
品牌：东作西成
规格：L450mm × W60mm ×
　　　H205mm
材质：大理石、珐琅彩
风格：新中式

编号：摆件 115
品牌：东作西成
规格：L450mm × W100mm ×
　　　H540mm
材质：铁、珐琅彩
风格：新中式

编号：摆件 114
品牌：东作西成
规格：D185mm × H195mm
材质：陶瓷、铜
风格：新中式

编号：摆件 116
品牌：东作西成
规格：L500mm × W200mm ×
　　　H570mm
材质：铸铁
风格：新中式

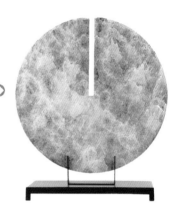

摆件

编号：摆件 118
品牌：东作西成
规格：L370mm × W80mm ×
　　　H85mm
材质：不锈钢玫瑰金
风格：新中式

编号：摆件 117
品牌：东作西成
规格：L240mm × W100mm ×
　　　H625mm
材质：铸铁、大理石
风格：现代简约

编号：摆件 119
品牌：佛洛伦克
规格：L265mm × W80mm ×
　　　H160mm
材质：陶瓷镀金
风格：现代简约
参考价：238 元

编号：摆件 120
品牌：佛洛伦克
规格：L325mm × W280mm ×
　　　H55mm
材质：陶瓷镀金
风格：现代简约
参考价：310 元

编号：摆件 125
品牌：佛洛伦克
材质：玻璃贴花、天然镀金玛瑙石
风格：现代简约
规格：L190mm × W100mm ×
　　　H70mm
参考价：260 元

规格：L280mm × W130mm ×
　　　H85mm
参考价：310 元

编号：摆件 121
品牌：佛洛伦克
材质：天然大理石、天然水晶
风格：现代简约
规格：D130mm × H245mm
参考价：998 元

规格：D95mm × H200mm
参考价：560 元

编号：摆件 122
品牌：佛洛伦克
规格：L313mm × W183mm ×
　　　H313mm
材质：树脂贴金箔做旧
风格：美式
参考价：310 元

编号：摆件 123
品牌：佛洛伦克
规格：L258mm × W88mm ×
　　　H138mm
材质：树脂、铁艺
风格：美式
参考价：108 元

编号：摆件 124
品牌：佛洛伦克
规格：L183mm × W118mm ×
　　　H273mm
材质：合金镀半亚金
风格：美式
参考价：698 元

编号：摆件 126
品牌：佛洛伦克
材质：水晶底座、天然镀金绿色玛
　　　瑙色
风格：现代简约
规格：L70mm × W100mm ×
　　　H195mm
参考价：540 元

规格：L70mm × W70mm ×
　　　H325mm
参考价：550 元

摆件

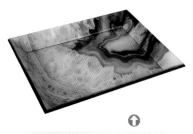

编号：摆件 128
品牌：佛洛伦克
材质：天然晶石贴金箔、水晶底座
风格：现代简约
规格：L90mm × W90mm ×
　　　H20mm
　　　底座 L80mm × W80mm ×
　　　H150mm
　　　总高 240 ~ 250mm
参考价：496 元

规格：L90mm × W90mm ×
　　　H190mm
　　　底座 L80mm × W80mm ×
　　　H80mm
　　　总高 180 ~ 190mm
参考价：440 元

编号：摆件 127
品牌：佛洛伦克
规格：L400mm × W300mm ×
　　　H50mm
材质：玻璃、木
风格：现代简约
参考价：358 元

摆件

编号：摆件 129
品牌：佛洛伦克
规格：L180mm × W180mm ×
　　　H60mm
材质：天然石材
风格：现代简约
参考价：496 元

编号：摆件 130
品牌：佛洛伦克
材质：天然晶石
风格：现代简约
规格：L150mm × W150mm ×
　　　H360mm
参考价：440 元

规格：L150mm × W150mm ×
　　　H300mm
参考价：398 元

编号：摆件 131
品牌：佛洛伦克
规格：D160mm × H220mm
材质：仿牛角手工拼贴工艺
风格：美式
参考价：218 元

编号：摆件 132
品牌：佛洛伦克
规格：D190mm × H250mm
材质：仿牛骨手工拼贴工艺
风格：美式
参考价：218 元

编号：摆件 133
品牌：佛洛伦克
规格：D190mm × H240mm
材质：仿牛骨手工拼贴工艺
风格：美式
参考价：298 元

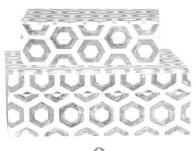

⬆

编号：摆件 134
品牌：佛洛伦克
材质：仿牛角
风格：美式
规格：L200mm × W150mm × H75mm
参考价：740 元

规格：L150mm × W100mm × H50mm
参考价：360 元

编号：摆件 135
品牌：佛洛伦克
材质：高温陶瓷
风格：现代简约
规格：H305mm
参考价：298 元

规格：H178mm
参考价：148 元

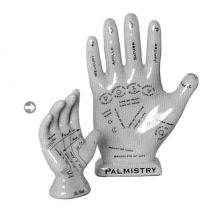 ➡

编号：摆件 137
品牌：佛洛伦克
材质：玻璃、黄铜
风格：现代简约
规格：D120mm × H390mm
参考价：440 元

规格：D185mm × H215mm
参考价：428 元

➡

编号：摆件 136
品牌：佛洛伦克
材质：五金、天然绿宝石
风格：现代简约
规格：L160mm × W160mm × H500mm
参考价：1110 元

规格：L140mm × W140mm × H400mm
参考价：998 元

规格：L120mm × W120mm × H300mm
参考价：888 元

⬇

编号：摆件 138
品牌：佛洛伦克
材质：玻璃、黄铜
风格：现代简约
规格：D100mm × H520mm
参考价：498 元

规格：D155mm × H415mm
参考价：498 元

规格：D200mm × H300mm
参考价：568 元

➡

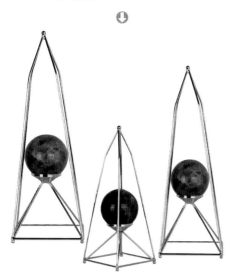

编号：摆件 139
品牌：佛洛伦克
材质：玻璃、黄铜
风格：现代简约
规格：D130mm × H265mm
参考价：398 元

规格：D105mm × H135mm
参考价：248 元

➡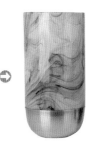

编号：摆件 140
品牌：佛洛伦克
规格：D280mm×H205mm
材质：玻璃、金箔、黄铜
风格：现代简约
参考价：498 元

编号：摆件 141
品牌：佛洛伦克
材质：手工玻璃
风格：现代简约
规格：L200mm×W200mm×
　　　H200mm
参考价：440 元

规格：D120mm×H120mm
参考价：140 元

编号：摆件 142
品牌：佛洛伦克
材质：色釉陶瓷
风格：现代简约
规格：L175mm×W80mm×
　　　H300mm
参考价：565 元

规格：L180mm×W90mm×
　　　H180mm
参考价：440 元

摆件

编号：摆件143
品牌：卡沙维维
规格：D195mm×H420mm
材质：陶瓷
风格：现代简约
参考价：650元

编号：摆件 144
品牌：卡沙维维
规格：D120mm×H170mm
材质：陶瓷
风格：现代简约
参考价：130 元

编号：摆件 145
品牌：卡沙维维
规格：D130mm×H230mm
材质：陶瓷
风格：现代简约
参考价：250 元

编号：摆件 146
品牌：卡沙维维
规格：D165mm×H165mm
材质：陶瓷
风格：现代简约
参考价：205 元

编号：摆件 147
品牌：卡沙维维
规格：D165mm×H290mm
材质：陶瓷
风格：现代简约
参考价：400 元

编号：摆件 148
品牌：卡沙维维
规格：D160mm×H350mm
材质：陶瓷
风格：现代简约
参考价：430 元

编号：摆件 149
品牌：卡沙维维
规格：D190mm×H360mm
材质：陶瓷
风格：现代简约
参考价：630 元

编号：摆件 150
品牌：卡沙维维
规格：D85mm×H140mm
材质：陶瓷
风格：现代简约
参考价：100 元

2 壁挂

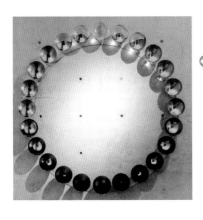

编号：壁挂 1
品牌：高级定制
规格：定制尺寸
材质：水晶球、铬、油漆、不锈钢
风格：现代简约

编号：壁挂 2
品牌：简创系
规格：L520mm×H570mm
材质：金属
风格：现代简约
参考价：1200 元

编号：壁挂 3
品牌：高级定制
规格：L1350mm×H750mm
材质：金属
风格：现代简约
参考价：2000 元

编号：壁挂 4
品牌：高级定制
规格：L1350mm×H1000mm
材质：中纤板贴金箔、银镜
风格：现代简约
参考价：1600 元

编号：壁挂 5
品牌：高级定制
规格：L1200mm×
　　　H1250mm
材质：金属
风格：现代简约
参考价：1880 元

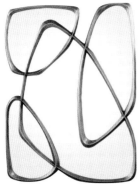

编号：壁挂 6
品牌：高级定制
规格：定制尺寸
材质：综合纤维
风格：现代简约

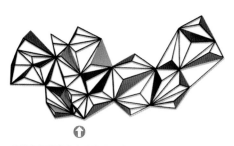

编号：壁挂 7
品牌：高级定制
规格：L1500mm × H800mm
材质：金属
风格：现代简约
参考价：2900 元

编号：壁挂 8
品牌：高级定制
规格：L1500mm × W100mm × H680mm
材质：金属
风格：现代简约
参考价：1500 元

编号：壁挂 9
品牌：高级定制
规格：L1800mm × W180mm × H600mm
材质：金属
风格：现代简约
参考价：2100 元

编号：壁挂 10
品牌：高级定制
规格：L1700mm × W150mm × H500mm
材质：金属
风格：现代简约
参考价：2400 元

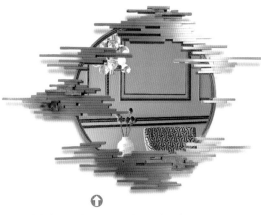

编号：壁挂 11
品牌：高级定制
规格：L1050mm × H720mm
材质：金属、银镜
风格：现代简约
参考价：1200 元

编号：壁挂 12
品牌：高级定制
规格：L740mm ×
　　　W70mm ×
　　　H1800mm
材质：金属
风格：现代简约
参考价：3500 元

编号：壁挂 13
品牌：高级定制
规格：L1900mm×H980mm
材质：金属
风格：现代简约
参考价：3950 元

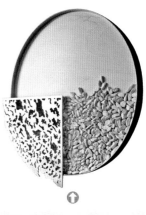

编号：壁挂 14
品牌：高级定制
规格：定制尺寸
材质：金属
风格：现代简约

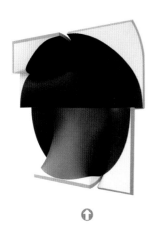

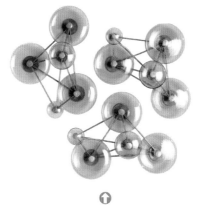

编号：壁挂 15
品牌：高级定制
规格：定制尺寸
材质：中纤板
风格：现代简约

编号：壁挂 16
品牌：高级定制
规格：L830mm×H680mm
材质：金属、玻璃
风格：现代简约
参考价：5300 元

编号：壁挂 17
品牌：高级定制
规格：L2400mm×H1500mm
材质：树脂
风格：现代简约
参考价：8700 元

编号：壁挂 18
品牌：高级定制
规格：L500mm×H1700mm
材质：金属
风格：现代简约
参考价：3570 元

壁挂

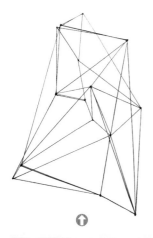

编号：壁挂 19
品牌：高级定制
规格：定制尺寸
材质：铁艺
风格：现代简约

编号：壁挂 20
品牌：高级定制
规格：L700mm×H1000mm
材质：中纤板、银镜
风格：现代简约
参考价：1580 元

编号：壁挂 21
品牌：高级定制
规格：L550mm×H1100mm
材质：中纤板、银镜
风格：现代简约

壁挂

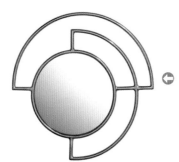

编号：壁挂 22
品牌：高级定制
规格：D700mm
材质：金属、银镜
风格：现代简约

编号：壁挂 23
品牌：高级定制
规格：定制尺寸
材质：金属
风格：现代简约

编号：壁挂 24
品牌：ESSENTIAL HOME
规格：L600mm×H1200mm
材质：金属、银镜
风格：现代简约

编号：壁挂 25
品牌：Kelly Wearstler
规格：L1670mm×H1100mm
材质：金属
风格：现代简约

编号：壁挂 26
品牌：KOKET
规格：L2000mm × H1000mm
材质：金属、酸洗镜
风格：现代简约

编号：壁挂 29
品牌：UTT
规格：L1168mm ×
　　　H838mm
材质：铁、玻璃
风格：现代简约
参考价：3250 元

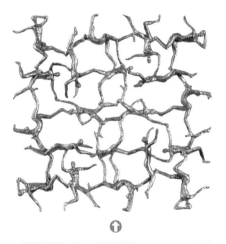

编号：壁挂 27
品牌：UTT
规格：L483mm × H483mm
材质：树脂、铁
风格：现代美式
参考价：2262 元

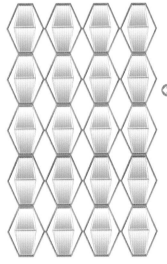

编号：壁挂 30
品牌：UTT
规格：L813mm ×
　　　H1321mm
材质：金属、银镜
风格：现代简约
参考价：3680 元

壁挂

编号：壁挂 31
品牌：UTT
规格：L1320mm ×
　　　H952mm
材质：金属、银镜
风格：现代简约
参考价：4985 元

编号：壁挂 28
品牌：UTT
规格：L1539mm × H749mm
材质：金属
风格：现代美式
参考价：3850 元

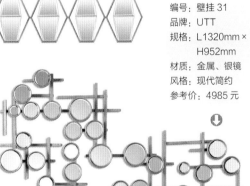

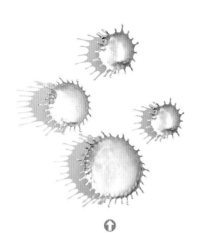

编号：壁挂 33
品牌：环球视野
规格：D1270mm
材质：金属、银镜
风格：现代美式
参考价：1942 元

编号：壁挂 32
品牌：环球视野
规格：D495mm
　　　D381mm
　　　D305mm
　　　D247mm
材质：铝
风格：现代美式
参考价：2219 元
　　　1942 元
　　　997 元
　　　719 元

编号：壁挂 34
品牌：环球视野
规格：D228mm
　　　D152mm
　　　D114mm
材质：黄铜、不锈钢
风格：现代美式
参考价：1664 元（3 个）

壁挂

编号：壁挂 35
品牌：环球视野
规格：D1168mm
材质：玻璃、铁镀铜
风格：现代美式
参考价：5553 元

编号：壁挂 36
品牌：环球视野
规格：L1016mm ×
　　　H660mm
材质：铁、铜
风格：现代美式
参考价：3986 元

编号：壁挂 37
品牌：环球视野
规格：L1168mm ×
　　　W152mm ×
　　　H1016mm
材质：金属
风格：现代美式
参考价：9997 元

编号：壁挂 38
品牌：环球视野
规格：L114mm×W158mm×
　　　H1092mm
材质：铁制
风格：现代美式
参考价：1136 元

编号：壁挂 39
品牌：环球视野
规格：L110mm×H350mm
　　　L110mm×H350mm
　　　L140mm×H390mm
材质：铁制
风格：现代美式
参考价：599 元（单个）

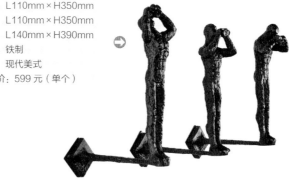

编号：壁挂 40
品牌：环球视野
规格：D1003mm
材质：玻璃、铁镀铜
风格：现代美式
参考价：4747 元

编号：壁挂 42
品牌：环球视野
材质：铁镀铜
风格：现代美式
规格：D400mm
参考价：1942 元

规格：D330mm
参考价：1386 元

规格：D216mm
参考价：719 元

编号：壁挂 41
品牌：环球视野
规格：D1219mm
材质：玻璃、黄铜
风格：现代美式
参考价：19442 元

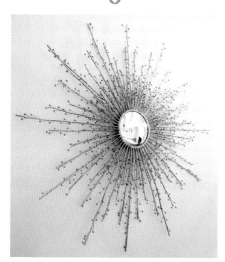

编号：壁挂 43
品牌：环球视野
规格：L711mm×H1524mm
材质：黄铜
风格：现代美式
参考价：11108 元

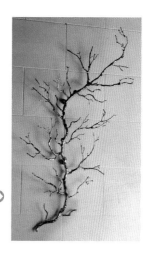

编号：壁挂 44
品牌：简创系
规格：L150mm × H50mm
材质：金属
风格：现代简约
参考价：2200 元

编号：壁挂 45
品牌：简创系
规格：L600mm × H600mm
材质：金属、银镜
风格：现代简约
参考价：2400 元

编号：壁挂 46
品牌：简创系
规格：L700mm × H650mm
材质：金属、银镜
风格：现代简约
参考价：1380 元

编号：壁挂 47
品牌：简创系
规格：L760mm × H720mm
材质：金属、银镜
风格：现代简约
参考价：1500 元

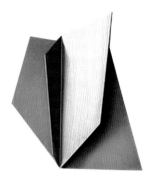

编号：壁挂 48
品牌：简创系
规格：L800mm × H800mm
材质：金属
风格：现代简约
参考价：3800 元

编号：壁挂 49
品牌：简创系
规格：L1000mm × H730mm
材质：金属
风格：现代简约
参考价：

编号：壁挂 50
品牌：简创系
规格：L1070mm × H900mm
材质：金属、银镜
风格：现代简约
参考价：1300 元

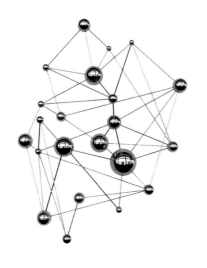

编号：壁挂 51
品牌：简创系
规格：L1400mm ×
　　　H1600mm
材质：金属
风格：现代简约

编号：壁挂 52
品牌：简创系
规格：L2000mm × H1200mm
材质：金属
风格：现代简约
参考价：3600 元

编号：壁挂 53
品牌：简创系
规格：D800mm
材质：金属
风格：现代简约
参考价：2500 元

编号：壁挂 54
品牌：简创系
规格：D1000mm
材质：金属
风格：现代简约
参考价：2400 元

编号：壁挂 55
品牌：简创系
规格：L1200mm × H650mm
材质：金属
风格：现代简约
参考价：2200 元

编号：壁挂 56
品牌：简创系
规格：L822mm ×
　　　H729mm
材质：金属、银镜
风格：现代简约
参考价：1200 元

编号：壁挂 57
品牌：简创系
规格：定制尺寸
材质：纤维
风格：现代简约

编号：壁挂 58
品牌：简创系
规格：D1900mm
材质：金属
风格：现代简约

编号：壁挂 59
品牌：简创系
规格：定制尺寸
材质：金属
风格：现代简约

壁挂

编号：壁挂 60
品牌：美迪克家居
规格：定制尺寸
材质：金属
风格：现代简约

编号：壁挂 62
品牌：香柏墅
规格：L800mm×
　　　H1200mm
材质：亚克力
风格：现代简约
参考价：1800 元

编号：壁挂 61
品牌：米兰
规格：L450mm×H220mm
材质：金属
风格：现代简约
参考价：1600 元

编号：壁挂 63
品牌：香柏墅
规格：L1300mm×H700mm
材质：金属
风格：现代简约
参考价：1500 元

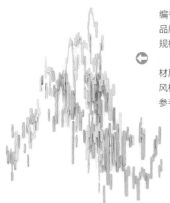

编号：壁挂 64
品牌：香柏墅
规格：L2286mm×
　　　H1900mm
材质：金属
风格：现代简约
参考价：3800 元

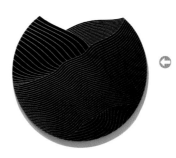

编号：壁挂 65
品牌：香柏墅
规格：D500mm
材质：中纤板雕刻
风格：现代简约
参考价：2800 元

编号：壁挂 66
品牌：香柏墅
规格：D800mm
材质：陶瓷
风格：现代简约
参考价：3398 元

编号：壁挂 67
品牌：香柏墅
规格：D1200mm
材质：综合纤维
风格：现代简约

编号：壁挂 68
品牌：香柏墅
规格：D1200mm
材质：玻璃
风格：现代简约

壁挂

编号：壁挂 69
品牌：香柏墅
规格：L530mm×H400mm
材质：聚酯、丙烯
风格：现代简约

编号：壁挂 70
品牌：香柏墅
规格：定制尺寸
材质：金属
风格：现代简约

编号：壁挂 71
品牌：香柏墅
规格：定制尺寸
材质：金属
风格：现代简约

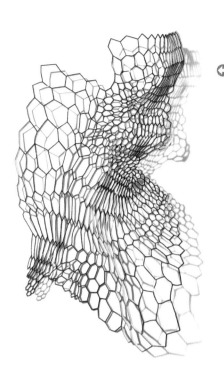

编号：壁挂 72
品牌：新印象
规格：L1500mm × H800mm
材质：金属
风格：现代简约
参考价：2650 元

编号：壁挂 73
品牌：新印象
规格：L1500mm × H1200mm
材质：金属
风格：现代简约
参考价：3333 元

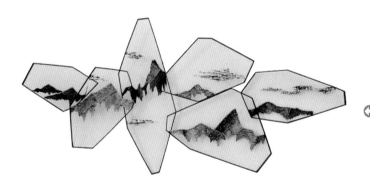

编号：壁挂 74
品牌：新印象
规格：L2000mm × H950mm
材质：铁艺古铜银箔
风格：现代简约
参考价：4180 元

壁挂

编号：壁挂 75
品牌：新印象
规格：L4500mm × H1245mm
材质：金属
风格：新中式
参考价：5800 元

3 雕塑

编号：雕塑 1
品牌：高级定制
规格：L210mm×
　　　W210mm×
　　　H410mm
材质：树脂大理石
风格：现代简约
参考价：1480 元

编号：雕塑 2
品牌：高级定制
规格：左：L320mm×W320mm×H770mm
　　　中：L250mm×W200mm×H600mm
　　　右：L750mm×W300mm×H230mm
材质：金属
风格：现代简约
参考价：3950 元

编号：雕塑 3
品牌：高级定制
规格：定制尺寸
材质：岩石
风格：现代简约

编号：雕塑 4
品牌：高级定制
规格：定制尺寸
材质：玻璃钢、
　　　铁艺
风格：现代简约

编号：雕塑 5
品牌：高级定制
规格：定制尺寸
材质：玻璃钢
风格：现代简约

编号：雕塑 6
品牌：高级定制
规格：L180mm×
　　　W420mm×
　　　H760mm
材质：原木、铁艺
风格：现代简约

雕塑

编号：雕塑 7
品牌：高级定制
规格：定制尺寸
材质：玻璃钢
风格：现代简约

编号：雕塑 8
品牌：高级定制
规格：L390mm ×
　　　W120mm ×
　　　H300mm
材质：树脂大理石
风格：现代简约
参考价：1425 元

编号：雕塑 11
品牌：高级定制
规格：L600mm × W220mm × H1100mm
材质：铜
风格：现代简约
参考价：9900 元

编号：雕塑 9
品牌：高级定制
规格：L400mm ×
　　　W400mm ×
　　　H600mm
材质：不锈钢
风格：新中式
参考价：2600 元

雕塑

编号：雕塑 10
品牌：高级定制
规格：L450mm ×
　　　H650mm
材质：合金
风格：现代简约

编号：雕塑 12
品牌：高级定制
规格：定制尺寸
材质：铜
风格：现代简约

编号：雕塑 13
品牌：高级定制
规格：L800mm ×
　　　W800mm ×
　　　H1080mm
材质：玻璃钢
风格：现代简约

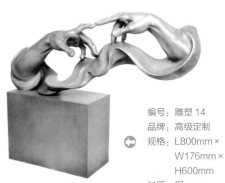

编号：雕塑 14
品牌：高级定制
规格：L800mm ×
　　　W176mm ×
　　　H600mm
材质：铜
风格：现代简约
参考价：12100 元

编号：雕塑 15
品牌：高级定制
规格：L860mm ×
　　　W280mm ×
　　　H1060mm
材质：玻璃钢
风格：现代简约
参考价：4500 元

编号：雕塑 16
品牌：高级定制
规格：L560mm × W410mm ×
　　　H1000mm
材质：铁艺
风格：现代简约

雕塑

编号：雕塑 17
品牌：高级定制
规格：L1080mm × W620mm × H1050mm
材质：铁艺、玻璃钢
风格：现代简约
参考价：4089 元

编号：雕塑 18
品牌：新印象
规格：L600mm×W380mm×
　　　H520mm
材质：玻璃钢
风格：现代简约
参考价：2350 元

编号：雕塑 19
品牌：高级定制
规格：L1500mm×W400mm×H600mm
材质：铁艺
风格：新中式
参考价：5526 元

雕塑

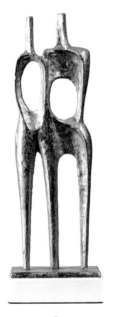

编号：雕塑 20
品牌：高级定制
规格：L160mm×W80mm×
　　　H420mm
材质：铝镀铜
风格：现代简约
参考价：783 元

编号：雕塑 21
品牌：高级定制
规格：L2000mm×W2000mm×
　　　H2400mm
材质：铁艺
风格：现代简约
参考价：30000 元

编号：雕塑 22
品牌：高级定制
规格：L250mm×W300mm×
　　　H800mm
材质：玻璃钢
风格：现代简约
参考价：980 元

编号：雕塑 23
品牌：高级定制
规格：L260mm × W120mm ×
　　　H310mm
材质：树脂电镀银
风格：现代简约
参考价：1600 元

编号：雕塑 24
品牌：高级定制
规格：L370mm × W180mm ×
　　　H980mm
材质：玻璃钢、大理石
风格：现代简约
参考价：1200 元

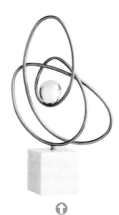

编号：雕塑 25
品牌：高级定制
规格：L390mm × W130mm ×
　　　H440mm
材质：金属、大理石
风格：现代简约
参考价：2500 元

编号：雕塑 26
品牌：高级定制
规格：L400mm × H700mm
材质：铜
风格：现代简约
参考价：5600 元

编号：雕塑 27
品牌：高级定制
规格：L550mm × W500mm ×
　　　H1270mm
材质：金属、大理石
风格：现代简约
参考价：1980 元

编号：雕塑 28
品牌：高级定制
规格：定制尺寸
材质：树脂
风格：现代简约

编号：雕塑 29
品牌：高级定制
规格：L600mm ×
　　　H350mm
材质：实木
风格：现代简约
参考价：5800 元

编号：雕塑 30
品牌：高级定制
规格：L600mm ×
　　　W600mm ×
　　　H540mm
材质：树脂
风格：现代简约
参考价：3800 元

雕塑

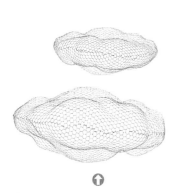

编号：雕塑 31
品牌：高级定制
规格：L620mm × W400mm ×
　　　H420mm
材质：铁艺
风格：现代简约
参考价：620 元

编号：雕塑 32
品牌：高级定制
规格：L640mm × W280mm ×
　　　H920mm
材质：玻璃钢、大理石
风格：现代简约
参考价：3976 元

编号：雕塑 33
品牌：高级定制
规格：L750mm × W400mm ×
　　　H600mm
材质：不锈钢镀金
风格：现代简约
参考价：2850 元

编号：雕塑 36
品牌：高级定制
规格：L1160mm × W400mm ×
　　　H1460mm
材质：铁艺
风格：现代简约
参考价：7900 元

编号：雕塑 34
品牌：高级定制
规格：L880mm × W460mm ×
　　　H620mm
材质：铁艺
风格：现代简约
参考价：4925 元

编号：雕塑 37
品牌：高级定制
规格：定制尺寸
材质：铁艺
风格：新中式
参考价：35880 元

编号：雕塑 35
品牌：高级定制
规格：L1000mm ×
　　　W240mm ×
　　　H1470mm
材质：玻璃钢、大理石
风格：现代简约
参考价：3860 元

雕塑

编号：雕塑 38
品牌：高级定制
规格：定制尺寸
材质：玻璃钢
风格：现代简约

编号：雕塑 39
品牌：高级定制
规格：定制尺寸
材质：金属
风格：现代简约

编号：雕塑 40
品牌：高级定制
规格：D2000mm
材质：实木
风格：现代简约
参考价：23000 元

编号：雕塑 42
品牌：高级定制
规格：L500mm × W500mm ×
　　　H850mm
材质：玻璃钢
风格：现代简约
参考价：1800 元

编号：雕塑 41
品牌：高级定制
规格：定制尺寸
材质：金属
风格：现代简约

编号：雕塑 43
品牌：高级定制
规格：H1600mm
材质：不锈钢
风格：现代简约
参考价：6300 元

编号：雕塑 44
品牌：Kelly Wearstler
规格：L160mm × W70mm ×
　　　H550mm
材质：石材
风格：现代简约

编号：雕塑 45
品牌：Kelly Wearstler
规格：L350mm ×
　　　W350mm ×
　　　H2100mm
材质：实木
风格：现代简约

编号：雕塑 46
品牌：高级定制
规格：L350mm × W350mm ×
　　　H800mm
材质：不锈钢电镀玫瑰金
风格：现代简约
参考价：2700 元

编号：雕塑 47
品牌：铂晶艺术
规格：L920mm × W220mm ×
　　　H500mm
材质：树脂
风格：现代简约
参考价：10750 元

雕塑

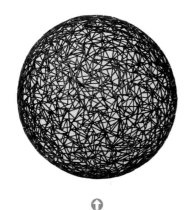

编号：雕塑 48
品牌：高级定制
规格：D1000mm
材质：仿古铜铁艺
风格：现代简约
参考价：4050 元

编号：雕塑 49
品牌：镜泉
规格：D280mm × H800mm
　　　D300mm × H1200mm
　　　D220mm × H1500mm
　　　D350mm × H1800mm
材质：松木
风格：现代简约
参考价：13600 元

编号：雕塑 50
品牌：镜泉
规格：D1200mm
材质：实木
风格：现代简约
参考价：10691 元

编号：雕塑 51
品牌：镜泉
规格：L1100mm × W540mm ×
　　　H1500mm
材质：实木、铁艺
风格：现代简约
参考价：9800 元

编号：雕塑 52
品牌：镜泉
规格：H3000mm
材质：实木、铁艺
风格：现代简约
参考价：22800 元

编号：雕塑 53
品牌：稀奇艺术
规格：L230mm ×
　　　W120mm ×
　　　H360mm
材质：玻璃钢、烤漆
风格：现代简约
参考价：4800 元

编号：雕塑 54
品牌：稀奇艺术
规格：L260mm × W260mm × H280mm
材质：玻璃钢、烤漆
风格：现代简约
参考价：8120 元

编号：雕塑 55
品牌：香柏墅
规格：柱子：L900mm × W900mm × H1200mm
　　　　　　L700mm × W700mm × H2000mm
　　　　　　L600mm × W600mm × H2500mm
　　　球：D800mm
　　　　　D600mm
材质：玻璃钢、金属
风格：现代简约
参考价：25000 元

编号：雕塑 56
品牌：香柏墅
规格：L250mm × W300mm ×
　　　H1050mm
材质：玻璃钢、金属
风格：现代简约
参考价：1500 元

编号：雕塑 57
品牌：香柏墅
规格：L360mm × W280mm ×
　　　H415mm
材质：树脂
风格：现代简约
参考价：1990 元

编号：雕塑 58
品牌：香柏墅
规格：L320mm × W420mm ×
　　　H500mm
材质：树脂
风格：现代简约
参考价：3200 元

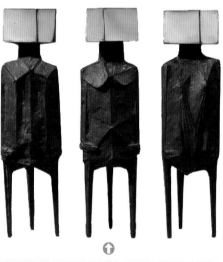

编号：雕塑 59
品牌：香柏墅
规格：H600mm
材质：玻璃钢、金属
风格：现代简约
参考价：2200 元

编号：雕塑 60
品牌：香柏墅
规格：H700mm
材质：玻璃钢、金属
风格：现代简约
参考价：1800 元

编号：雕塑 61
品牌：香柏墅
规格：L800mm × W700mm ×
　　　H500mm
材质：玻璃钢
风格：现代简约
参考价：3390 元

编号：雕塑 62
品牌：香柏墅
规格：L1100mm × W450mm × H1200mm
材质：铁艺
风格：现代简约
参考价：4300 元

编号：雕塑 63
品牌：小鸡磕技
规格：L379mm ×
　　　W288mm ×
　　　H500mm
材质：玻璃钢
风格：现代简约
参考价：2488 元

编号：雕塑 64
品牌：小鸡磕技
规格：L333mm × W202mm × H500mm
材质：玻璃钢
风格：现代简约
参考价：2488 元

雕塑

编号：雕塑 65
品牌：小鸡磕技
规格：L788mm × W259mm ×
　　　H800mm
材质：玻璃钢
风格：现代简约
参考价：2860 元

编号：雕塑 66
品牌：新印象
规格：L300mm × W200mm ×
　　　H1320mm
材质：玻璃钢、大理石
风格：现代简约
参考价：2880 元

雕塑

编号：雕塑 68
品牌：新印象
规格：L390mm × W220mm ×
　　　H450mm
材质：玻璃钢、大理石
风格：现代简约
参考价：950 元

编号：雕塑 67
品牌：新印象
规格：L300mm × W250mm ×
　　　H310mm
材质：玻璃钢、大理石
风格：现代简约
参考价：3800 元

编号：雕塑 69
品牌：新印象
规格：L540mm × W290mm ×
　　　H570mm
材质：玻璃钢、实木
风格：现代简约
参考价：1672 元

编号：雕塑 70
品牌：新印象
规格：L590mm×W180mm×H770mm
材质：玻璃钢
风格：现代简约
参考价：1500 元

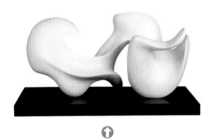

编号：雕塑 71
品牌：新印象
规格：L600mm×W300mm×H360mm
材质：玻璃钢、大理石
风格：现代简约
参考价：1870 元

编号：雕塑 72
品牌：新印象
规格：L750mm×
　　　W280mm×
　　　H1800mm
材质：玻璃钢
风格：现代简约
参考价：4500 元

编号：雕塑 73
品牌：新印象
规格：L950mm×W150mm×H650mm
材质：玻璃钢、实木、大理石
风格：现代简约
参考价：5258 元

雕塑

编号：雕塑 74
品牌：新印象
规格：L1080mm×W300mm×H540mm
材质：玻璃钢、大理石
风格：现代简约
参考价：2233 元

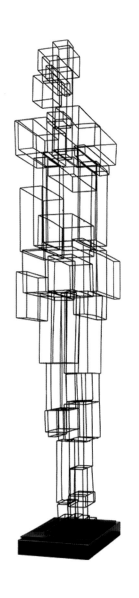

编号：雕塑 75
品牌：新印象
规格：L370mm×W320mm×H1740mm
材质：铁艺、大理石
风格：现代简约
参考价：1880 元

雕塑

画品

CHAPTER FOUR

1 印刷画

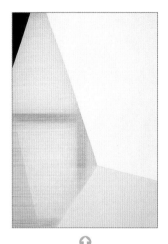

编号：印刷画 1
品牌：集恒工艺
规格：W700mm×H1000mm
材质：艺术微喷、PS 框
风格：现代简约
参考价：613 元

编号：印刷画 2
品牌：集恒工艺
规格：W700mm×H1000mm
材质：艺术微喷、PS 框
风格：现代简约
参考价：630 元

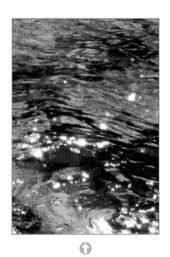

编号：印刷画 3
品牌：集恒工艺
规格：W700mm×H1000mm
材质：艺术微喷、PS 框
风格：现代简约
参考价：630 元

编号：印刷画 4
品牌：集恒工艺
规格：W500mm×H600mm
材质：艺术微喷、PS 框
风格：现代简约
参考价：480 元

编号：印刷画 5
品牌：集恒工艺
规格：W600mm×H900mm
材质：艺术微喷、PS 框
风格：现代简约
参考价：486 元

编号：印刷画 6
品牌：集恒工艺
规格：W700mm×H1000mm
材质：艺术微喷、PS 框
风格：现代简约
参考价：630 元

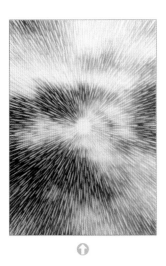

编号：印刷画 7
品牌：集恒工艺
规格：W700mm×H1000mm
材质：艺术微喷、PS 框
风格：现代简约
参考价：630 元

编号：印刷画 8
品牌：集恒工艺
规格：W700mm×H1000mm
材质：艺术微喷、PS 框
风格：现代简约
参考价：630 元

编号：印刷画 9
品牌：集恒工艺
规格：W700mm×H1000mm
材质：艺术微喷、PS 框
风格：现代简约
参考价：630 元

编号：印刷画 11
品牌：集恒工艺
规格：W800mm×H800mm
材质：艺术微喷、PS 框
风格：现代简约
参考价：576 元

编号：印刷画 10
品牌：集恒工艺
规格：W700mm×H1000mm
材质：艺术微喷、PS 框
风格：现代简约
参考价：630 元

编号：印刷画 12
品牌：集恒工艺
规格：W800mm×H800mm
材质：艺术微喷、PS 框
风格：现代简约
参考价：576 元

编号：印刷画 13
品牌：集恒工艺
规格：W800mm×H800mm
材质：艺术微喷、PS 框
风格：现代简约
参考价：576 元

印刷画

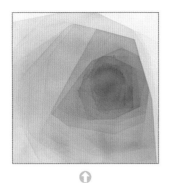

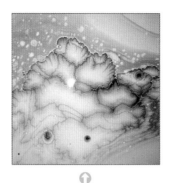

编号：印刷画 14
品牌：集恒工艺
规格：W1000mm×H1000mm
材质：艺术微喷、PS 框
风格：现代简约
参考价：900 元

编号：印刷画 15
品牌：集恒工艺
规格：W1000mm×H1000mm
材质：艺术微喷、PS 框
风格：现代简约
参考价：900 元

编号：印刷画 16
品牌：集恒工艺
规格：W1000mm×H1000mm
材质：艺术微喷、PS 框
风格：现代简约
参考价：900 元

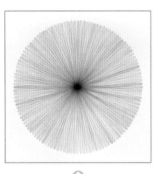

编号：印刷画 18
品牌：集恒工艺
规格：W800mm×
　　　H1200mm
材质：艺术微喷、
　　　PS 框
风格：现代简约
参考价：864 元

编号：印刷画 17
品牌：集恒工艺
规格：W1000mm×H1000mm
材质：艺术微喷、PS 框
风格：现代简约
参考价：900 元

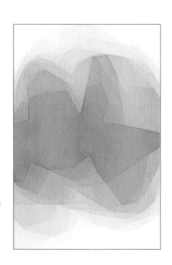

编号：印刷画 19
品牌：集恒工艺
规格：W700mm×H1000mm
材质：艺术微喷、PS 框
风格：现代简约
参考价：630 元

编号：印刷画 20
品牌：集恒工艺
规格：W800mm×H800mm
材质：艺术微喷、PS 框
风格：现代简约
参考价：576 元

编号：印刷画 21
品牌：集恒工艺
规格：W700mm×H1000mm
材质：艺术微喷、PS 框
风格：现代简约
参考价：630 元

编号：印刷画 22
品牌：集恒工艺
规格：W700mm×H1000mm
材质：艺术微喷、PS 框
风格：现代简约
参考价：630 元

编号：印刷画 23
品牌：集恒工艺
规格：W700mm×H1000mm
材质：艺术微喷、PS 框
风格：现代简约
参考价：630 元

编号：印刷画 24
品牌：集恒工艺
规格：W1000mm×
　　　H1000mm
材质：艺术微喷、PS 框
风格：现代简约
参考价：900 元

印刷画

编号：印刷画 25
品牌：范缇尼
规格：W610mm×
　　　H610mm
材质：国产画芯、
　　　实木框
风格：美式
参考价：620 元

编号：印刷画 26
品牌：范缇尼
规格：W1380mm×H1010mm
材质：进口画芯、实木框
风格：现代简约
参考价：1235 元

编号：印刷画 27
品牌：范缇尼
规格：W1410mm×H1040mm
材质：进口画芯、实木框
风格：现代简约
参考价：1508 元

编号：印刷画 28
品牌：范缇尼
规格：W360mm×H420mm
材质：国产画芯、实木框
风格：现代简约
参考价：430 元

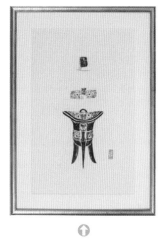

编号：印刷画 29
品牌：范缇尼
规格：W600mm×H840mm
材质：国产画芯、实木框
风格：新中式
参考价：451 元

编号：印刷画 30
品牌：范缇尼
规格：W655mm×H855mm
材质：国产画芯、实木框
风格：现代简约
参考价：478 元

编号：印刷画 31
品牌：范缇尼
规格：W690mm×H840mm
材质：进口画芯、实木框
风格：美式
参考价：610 元

编号：印刷画 32
品牌：范缇尼
规格：W690mm×H990mm
材质：国产画芯、实木框
风格：现代简约
参考价：630 元

编号：印刷画 33
品牌：范缇尼
规格：W700mm×H950mm
材质：国产画芯、实木框
风格：现代简约
参考价：590 元

印刷画

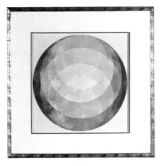

编号：印刷画 34
品牌：范缇尼
规格：W715mm×H715mm
材质：进口画芯、实木框
风格：现代简约
参考价：550 元

编号：印刷画 35
品牌：范缇尼
规格：W820mm×H820mm
材质：国产画芯、实木框
风格：新中式
参考价：605 元

编号：印刷画 36
品牌：范缇尼
规格：W950mm×H1440mm
材质：进口画芯、实木框
风格：现代简约
参考价：773 元

印刷画

编号：印刷画 37
品牌：范缇尼
规格：W1000mm×H480mm
材质：进口画芯、实木框
风格：现代简约
参考价：513 元

编号：印刷画 38
品牌：范缇尼
规格：W1240mm×H630mm
材质：进口画芯、实木框
风格：现代简约
参考价：880 元

编号：印刷画 39
品牌：范缇尼
规格：D1000mm
材质：进口画芯、实木框
风格：现代简约
参考价：2100 元

编号：印刷画 40
品牌：集恒工艺
规格：W700mm×H1000mm
材质：国产画芯、实木框
风格：现代简约
参考价：630 元

编号：印刷画 41
品牌：思联
规格：W850mm×H1100mm
材质：国产画芯、实木框
风格：现代简约
参考价：880 元

编号：印刷画 42
品牌：集恒工艺
规格：W600mm×H1200mm
材质：国产画芯、实木框
风格：现代简约
参考价：648 元

编号：印刷画 43
品牌：思联
规格：W700mm×H500mm
材质：国产画芯、实木框
风格：现代简约
参考价：520 元

印刷画

编号：印刷画 44
品牌：思联
规格：W800mm×H1000mm
材质：国产画芯、实木框
风格：现代简约
参考价：790 元

编号：印刷画 45
品牌：集恒工艺
规格：D600mm
材质：国产画芯
风格：现代简约
参考价：540 元

编号：印刷画 46
品牌：集恒工艺
规格：W700mm×H1000mm
材质：国产画芯、实木框
风格：现代简约
参考价：540 元

编号：印刷画 47
品牌：集恒工艺
规格：W700mm×H1000mm
材质：国产画芯、实木框
风格：现代简约
参考价：630 元

编号：印刷画 48
品牌：一字汇
规格：W580mm×H580mm
材质：艺术微喷、铝框
风格：新中式
参考价：900 元

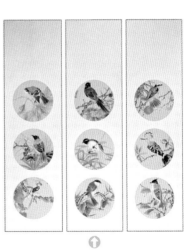

编号：印刷画 49
品牌：一字汇
规格：W800mm×H800mm
材质：艺术微喷、铝框
风格：新中式
参考价：1770 元

编号：印刷画 50
品牌：壹品美画
规格：W780mm×H780mm
材质：艺术微喷、PS 框
风格：新中式
参考价：492 元

编号：印刷画 51
品牌：壹品美画
规格（单幅）：W320mm×H1200mm
材质：艺术微喷、PS 框
风格：新中式
参考价（单幅）：380 元

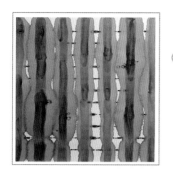

编号：印刷画 52
品牌：壹品美画
规格：W580mm×H580mm
材质：艺术微喷、PS 框
风格：新中式
参考价：285 元

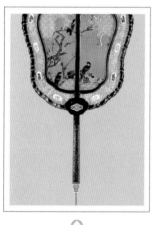

编号：印刷画 53
品牌：壹品美画
规格：W580mm×H580mm
材质：艺术微喷、PS 框
风格：现代简约
参考价：300 元

编号：印刷画 54
品牌：壹品美画
规格：W580mm×H880mm
材质：艺术微喷、PS 框
风格：现代简约
参考价：388 元

印刷画

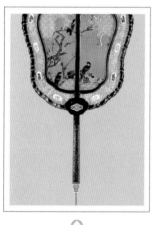

编号：印刷画 55
品牌：壹品美画
规格：W580mm×H880mm
材质：艺术微喷、PS 框
风格：新中式
参考价：420 元

编号：印刷画 56
品牌：壹品美画
规格：W580mm×H880mm
材质：艺术微喷、PS 框
风格：新中式
参考价：560 元

编号：印刷画 57
品牌：壹品美画
规格：W580mm×H880mm
材质：艺术微喷、PS 框
风格：新中式
参考价：730 元

编号：印刷画 58
品牌：壹品美画
规格：W580mm×H1200mm
材质：艺术微喷、PS 框
风格：新中式
参考价：700 元

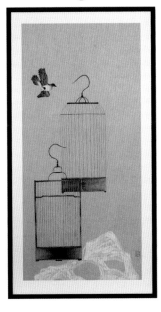

编号：印刷画 59
品牌：壹品美画
规格：W780mm×H780mm
材质：艺术微喷、PS 框
风格：新中式
参考价：492 元

编号：印刷画 60
品牌：壹品美画
规格：W780mm×H780mm
材质：艺术微喷、PS 框
风格：新中式
参考价：420 元

编号：印刷画 61
品牌：壹品美画
规格：W780mm×H780mm
材质：艺术微喷、PS 框
风格：新中式
参考价：480 元

编号：印刷画 62
品牌：壹品美画
规格：W780mm×H780mm
材质：艺术微喷、PS 框
风格：新中式
参考价：492 元

编号：印刷画 63
品牌：壹品美画
规格：W780mm×H780mm
材质：艺术微喷、PS 框
风格：现代简约
参考价：700 元

编号：印刷画 64
品牌：壹品美画
规格：W580mm×H1200mm
材质：艺术微喷、PS 框
风格：新中式
参考价：470 元

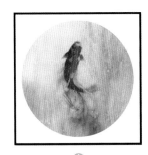

编号：印刷画 65
品牌：壹品美画
规格：W780mm×H780mm
材质：艺术微喷、PS 框
风格：新中式
参考价：492 元

印刷画

2 手绘画

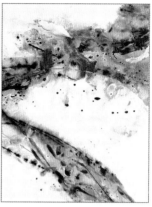

编号：手绘画 1
品牌：高级定制
规格：W900mm×H1200mm
材质：油画、铝框
风格：现代简约
参考价：1200 元

编号：手绘画 2
品牌：高级定制
规格（单幅）：W1000mm×H1300mm
材质：油画、铝框
风格：现代简约
参考价（单幅）：1650 元

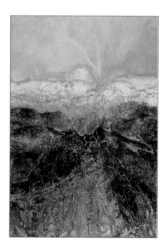

编号：手绘画 3
品牌：高级定制
规格：W1000mm×H1600mm
材质：油画、铝框
风格：现代简约
参考价：2200 元

手绘画

编号：手绘画 4
品牌：高级定制
规格：W1200mm×H1500mm
材质：油画、铝框
风格：现代美式
参考价：2160 元

编号：手绘画 5
品牌：高级定制
规格：W1500mm×H1800mm
材质：油画、铝框
风格：现代简约
参考价：3240 元

编号：手绘画 6
品牌：高级定制
规格：W1800mm×H1000mm
材质：油画、铝框
风格：现代简约
参考价：2160 元

编号：手绘画 7
品牌：高级定制
规格：W600mm×H600mm
材质：水彩、PS 框
风格：现代简约
参考价：432 元

编号：手绘画 8
品牌：集恒工艺
规格：D800mm
材质：水墨、铝框
风格：新中式
参考价：1200 元

编号：手绘画 9
品牌：集恒工艺
规格：W800mm×H800mm
材质：油画、铝框
风格：现代简约
参考价：576 元

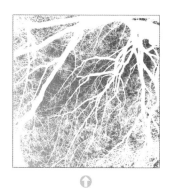

编号：手绘画 10
品牌：集恒工艺
规格：W800mm×H800mm
材质：油画、铝框
风格：现代简约
参考价：576 元

编号：手绘画 11
品牌：集恒工艺
规格：W600mm×H900mm
材质：水墨、铝框
风格：现代简约
参考价：486 元

手绘画

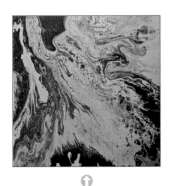

编号：手绘画 12
品牌：集恒工艺
规格：W700mm×H1000mm
材质：油画、铝框
风格：现代简约
参考价：630 元

编号：手绘画 13
品牌：集恒工艺
规格：W800mm×H800mm
材质：油画、铝框
风格：现代简约
参考价：576 元

编号：手绘画 14
品牌：集恒工艺
规格：W700mm×H1000mm
材质：油画、铝框
风格：现代简约
参考价：630 元

手绘画

编号：手绘画 15
品牌：集恒工艺
规格：W700mm×H1000mm
材质：水墨、铝框
风格：现代简约
参考价：630 元

编号：手绘画 16
品牌：集恒工艺
规格：W800mm×H800mm
材质：油画、铝框
风格：现代简约
参考价：576 元

编号：手绘画 17
品牌：观川空间
规格：W700mm×H700mm
材质：油画、铝框
风格：新中式
参考价：1199 元

编号：手绘画 18
品牌：观川空间
规格：W700mm×
　　　H800mm
材质：油画、铝框
风格：现代简约
参考价：1099 元

编号：手绘画 19
品牌：观川空间
规格：W600mm×
　　　H800mm
材质：油画、
　　　实木框
风格：现代简约
参考价：1299 元

编号：手绘画 20
品牌：观川空间
规格：W650mm×
　　　H880mm
材质：油画、
　　　实木框
风格：新中式
参考价：858 元

编号：手绘画 21
品牌：观川空间
规格：W750mm×
　　　H1050mm
材质：油画、铝框
风格：新中式
参考价：1051 元

编号：手绘画 22
品牌：宽居艺术
规格（单幅）：W750mm×H1100mm
材质：油画、铝框
风格：现代简约
参考价（单幅）：1300 元

编号：手绘画 23
品牌：宽居艺术
规格（单幅）：W750mm×H1100mm
材质：油画、铝框
风格：现代简约
参考价（单幅）：1280 元

手绘画

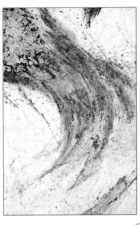

编号：手绘画 24
品牌：宽居艺术
规格（单幅）：W750mm×H1100mm
材质：油画、铝框
风格：新中式
参考价（单幅）：1280 元

编号：手绘画 25
品牌：宽居艺术
规格：W1200mm×H1200mm
材质：油画、铝框
风格：新中式
参考价：1800 元

编号：手绘画 26
品牌：宽居艺术
规格（单幅）：W750mm×H1100mm
材质：水墨、铝框
风格：新中式
参考价（单幅）：1280 元

编号：手绘画 27
品牌：宽居艺术
规格（单幅）：W750mm×H1100mm
材质：水墨、铝框
风格：新中式
参考价（单幅）：1280 元

手绘画

编号：手绘画 28
品牌：宽居艺术
规格（单幅）：W800mm×H1200mm
材质：油画、铝框
风格：新中式
参考价（单幅）：1440 元

编号：手绘画 29
品牌：宽居艺术
规格：W1500mm×H500mm
材质：油画、铝框
风格：新中式
参考价：1250 元

编号：手绘画 30
品牌：宽居艺术
规格：W750mm×H1100mm
材质：油画、铝框
风格：现代简约
参考价：1100 元

编号：手绘画 31
品牌：宽居艺术
规格（单幅）：W750mm×H1100mm
材质：油画、铝框
风格：现代简约
参考价（单幅）：1280 元

编号：手绘画 32
品牌：宽居艺术
规格（单幅）：W900mm×H1250mm
材质：油画、板材
风格：新中式
参考价（单幅）：1350 元

➡

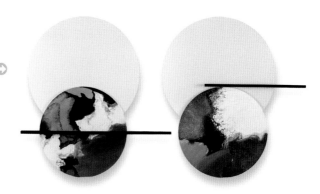

编号：手绘画 33
品牌：宽居艺术
规格：W800mm×H1200mm
材质：油画、铝框
风格：新中式
参考价：1200 元

⬆

编号：手绘画 35
品牌：宽居艺术
规格（单幅）：W800mm×H800mm
材质：油画、铝框
风格：新中式
参考价（单幅）：850 元

手绘画

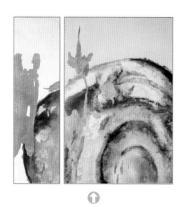

⬆

⬆

编号：手绘画 34
品牌：宽居艺术
规格：W1000mm×H1000mm
材质：油画、铝框
风格：新中式
参考价：1280 元

编号：手绘画 36
品牌：宽居艺术
规格（单幅）：W600mm×H900mm
材质：水墨、铝框
风格：新中式
参考价（单幅）：960 元

编号：手绘画 37
品牌：宽居艺术
规格（单幅）：W1000mm×H1000mm
材质：水墨、铝框
风格：新中式
参考价（单幅）：1280 元

编号：手绘画 38
品牌：宽居艺术
规格（单幅）：W750mm×H1100mm
材质：油画、铝框
风格：现代简约
参考价（单幅）：1100 元

编号：手绘画 39
品牌：宽居艺术
规格：D900mm
材质：油画、铝框
风格：新中式
参考价：1200 元

手绘画

编号：手绘画 40
品牌：宽居艺术
规格（单幅）：
　　　W650mm×
　　　H900mm
材质：油画、铝框
风格：新中式
参考价（单幅）：
　　　890 元

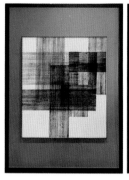

编号：手绘画 41
品牌：宽居艺术
规格：D900mm
材质：油画、板材
风格：现代简约
参考价：1350 元

编号：手绘画 42
品牌：宽居艺术
规格（单幅）：W700mm×H1000mm
材质：水墨、PS 框
风格：现代简约
参考价（单幅）：950 元

编号：手绘画 43
品牌：宽居艺术
规格：D900mm
材质：油画
风格：新中式
参考价：1250 元

编号：手绘画 44
品牌：宽居艺术
规格：W1600mm×H800mm
材质：油画、铝框
风格：新中式
参考价：1650 元

手绘画

编号：手绘画 45
品牌：宽居艺术
规格（单幅）：W800mm×H1100mm
材质：油画、铝框
风格：新中式
参考价（单幅）：1250 元

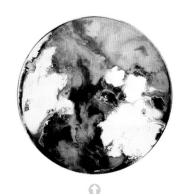

编号：手绘画 46
品牌：宽居艺术
规格：D900mm
材质：油画、铝框
风格：新中式
参考价：1200 元

编号：手绘画 47
品牌：宽居艺术
规格（单幅）：W450mm×H1500mm
材质：油画、实木框
风格：新中式
参考价（单幅）：1200 元

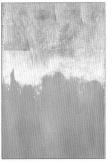

编号：手绘画 48
品牌：宽居艺术
规格（单幅）：W550mm×H800mm
材质：油画、铝框
风格：现代简约
参考价（单幅）：780 元

编号：手绘画 49
品牌：宽居艺术
规格：W750mm×H1100mm
材质：油画、铝框
风格：现代简约
参考价：1250 元

手绘画

编号：手绘画 50
品牌：宽居艺术
规格（单幅）：W800mm ×
　　　　　　　H800mm
材质：油画、铝框
风格：现代简约
参考价（单幅）：960 元

编号：手绘画 51
品牌：宽居艺术
规格（单幅）：W750mm ×
　　　　　　　H1100mm
材质：油画、铝框
风格：现代简约
参考价（单幅）：1180 元

手绘画

编号：手绘画 52
品牌：宽居艺术
规格：W750mm × H1100mm
材质：水墨、铝框
风格：新中式
参考价：1200 元

编号：手绘画 53
品牌：塞尚艺术
规格（单幅）：W600mm × H1200mm
材质：油画、铝框
风格：现代简约
参考价（单幅）：1080 元

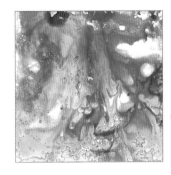

编号：手绘画 55
品牌：塞尚艺术
规格：W1000mm×H1000mm
材质：油画、铝框
风格：现代简约
参考价：1500 元

编号：手绘画 54
品牌：塞尚艺术
规格：W700mm×H1000mm
材质：油画、铝框
风格：现代简约
参考价：1050 元

编号：手绘画 56
品牌：一字汇
规格：W800mm×H800mm
材质：油画、铝框
风格：现代简约
参考价：1660 元

编号：手绘画 58
品牌：一字汇
规格：W800mm×H1200mm
材质：油画、铝框
风格：现代简约
参考价：1370 元

编号：手绘画 59
品牌：一字汇
规格：L1500mm×H780mm
材质：油画、实木框
风格：新中式
参考价：1400 元

编号：手绘画 57
品牌：一字汇
规格：W800mm×H1200mm
材质：油画、铝框
风格：现代简约
参考价：1370 元

手绘画

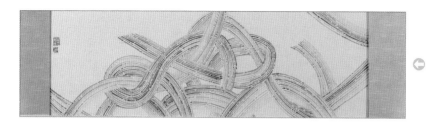

编号：手绘画 60
品牌：高级定制
规格：L1800mm ×
　　　H400mm
材质：水墨、实木框
风格：新中式
参考价：1722 元

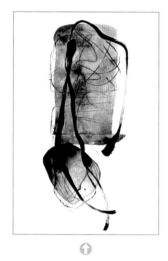

编号：手绘画 61
品牌：一字汇
规格：W800mm × H1200mm
材质：水墨、实木框
风格：现代简约
参考价：1370 元

编号：手绘画 62
品牌：高级定制
规格：W1000mm × H1000mm
材质：油画、实木框
风格：现代简约
参考价：1380 元

编号：手绘画 63
品牌：一字汇
规格：W800mm × H1200mm
材质：油画、实木框
风格：现代简约
参考价：1370 元

手绘画

编号：手绘画 64
品牌：一字汇
规格（单幅）：W1000mm ×
　　　　　　　H1000mm
材质：油画、实木框
风格：新中式
参考价（单幅）：2160 元

编号：手绘画 65
品牌：一字汇
规格（单幅）：W250mm ×
　　　　　　　H1500mm
材质：水墨
风格：新中式
参考价：2920 元

3 综合材料画

编号：综合材料 1
品牌：一字汇
规格：D950mm
材质：综合材料、铝框
风格：新中式
参考价：4714 元

编号：综合材料 2
品牌：一字汇
规格（单幅）：D380mm
材质：原木、综合材料
风格：新中式
参考价（单幅）：1371 元

编号：综合材料 3
品牌：宽居艺术
规格：W1500mm×H1500mm
材质：综合材料、实木框
风格：新中式
参考价：3571 元

编号：综合材料 4
品牌：一字汇
规格：W800mm×H1000mm
材质：综合材料、铝框
风格：现代简约
参考价：2829 元

综合
材料画

编号：综合材料 5
品牌：一字汇
规格：W600mm×H900mm
材质：纤维材料、实木框
风格：现代简约
参考价：3000 元

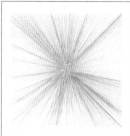

编号：综合材料 6
品牌：一字汇
规格（单幅）：W700mm×H700mm
材质：纤维材料、铝框
风格：现代简约
参考价（单幅）：3714 元

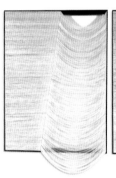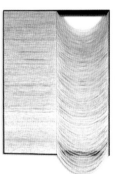

编号：综合材料 7
品牌：一字汇
规格（单幅）：
　　　W800mm×
　　　H1200mm
材质：综合材料、
　　　铝框
风格：现代简约
参考价（单幅）：
　　　7143 元

综合
材料画

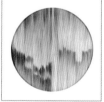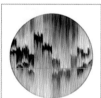

编号：综合材料 8
品牌：一字汇
规格（单幅）：W600mm×H900mm
材质：综合材料、铝框
风格：新中式
参考价（单幅）：2000 元

编号：综合材料 9
品牌：一字汇
规格（单幅）：W800mm×H800mm
材质：综合材料、铝框
风格：新中式
参考价（单幅）：3943 元

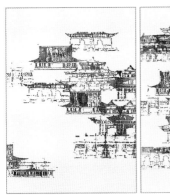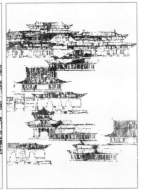

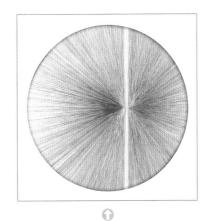

编号：综合材料 10
品牌：宽居艺术
规格（单幅）：W800mm×H1200mm
材质：综合材料、铝框
风格：新中式
参考价（单幅）：4400 元

编号：综合材料 11
品牌：宽居艺术
规格：W1000mm×H1000mm
材质：纤维材料、铝框
风格：新中式
参考价：4514 元

编号：综合材料 12
品牌：宽居艺术
规格（单幅）：W800mm×H1200mm
材质：综合材料、铝框
风格：新中式
参考价（单幅）：4228 元

综合
材料画

编号：综合材料 13
品牌：宽居艺术
规格（单幅）：W750mm×H1100mm
材质：综合材料、铝框
风格：现代简约
参考价（单幅）：3857 元

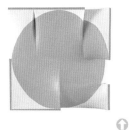

编号：综合材料 14
品牌：宽居艺术
规格（单幅）：W750mm×H1100mm
材质：综合材料、铝框
风格：现代简约
参考价（单幅）：3657 元

编号：综合材料 15
品牌：宽居艺术
规格（单幅）：W1400mm×H1400mm
材质：综合材料
风格：现代简约
参考价（单幅）：3800 元

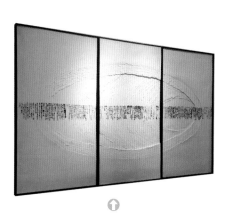

综合
材料画

编号：综合材料 16
品牌：宽居艺术
规格：W2400mm×H1400mm
材质：综合材料、铝框
风格：新中式
参考价：19428 元

编号：综合材料 17
品牌：宽居艺术
规格：W1650mm×H1100mm
材质：综合材料
风格：新中式
参考价：10857 元

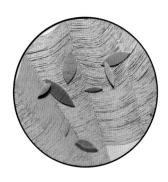

编号：综合材料 18
品牌：宽居艺术
规格：D1000mm
材质：综合材料、铝框
风格：新中式
参考价：5700 元

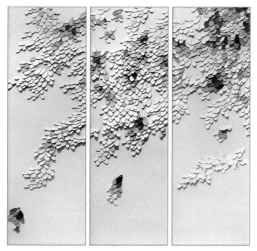

编号：综合材料 19
品牌：宽居艺术
规格（单幅）：W400mm×H1500mm
材质：综合材料、铝框
风格：新中式
参考价（单幅）：2700 元

编号：综合材料 22
品牌：宽居艺术
规格（单幅）：W800mm×H1050mm
材质：综合材料、铝框
风格：现代简约
参考价（单幅）：3650 元

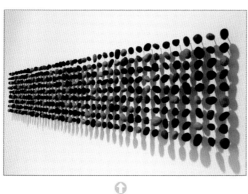

编号：综合材料 20
品牌：宽居艺术
规格：W1500mm×H600mm
材质：综合材料
风格：现代简约
参考价：4200 元

编号：综合材料 21
品牌：宽居艺术
规格（单幅）：W1000mm×H1000mm
材质：综合材料、铝框
风格：新中式
参考价（单幅）：4514 元

编号：综合材料 23
品牌：宽居艺术
规格：W1200mm×H1400mm
材质：综合材料、铝框
风格：新中式
参考价：4800 元

综合
材料画

编号：综合材料 24
品牌：宽居艺术
规格：D1000mm
材质：综合材料、铝框
风格：新中式
参考价：4228 元

编号：综合材料 25
品牌：宽居艺术
规格：D1000mm
材质：综合材料、铝框
风格：新中式
参考价：4228 元

编号：综合材料 27
品牌：宽居艺术
规格：D1000mm
材质：综合材料
风格：现代简约
参考价：3857 元

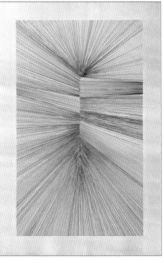

编号：综合材料 28
品牌：宽居艺术
规格：D1000mm
材质：综合材料
风格：现代简约
参考价：3857 元

**综合
材料画**

编号：综合材料 26
品牌：宽居艺术
规格（单幅）：W800mm×H1200mm
材质：综合材料、铝框
风格：现代简约
参考价（单幅）：4210 元

编号：综合材料 29
品牌：宽居艺术
规格（单幅）：W1000mm×H1000mm
材质：综合材料、铝框
风格：现代简约
参考价（单幅）：4514 元

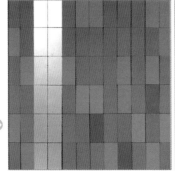
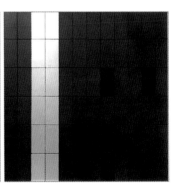

编号：综合材料 30
品牌：宽居艺术
规格（单幅）：W1000mm×H1000mm
材质：综合材料
风格：现代简约
参考价（单幅）：4514 元

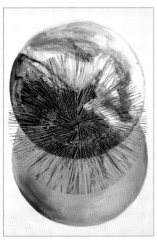 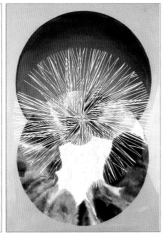

编号：综合材料 31
品牌：宽居艺术
规格（单幅）：W700mm×H1000mm
材质：综合材料、铝框
风格：新中式
参考价（单幅）：3142 元

编号：综合材料 32
品牌：宽居艺术
规格：W1000mm×H1000mm
材质：综合材料、实木框
风格：新中式
参考价：3857 元

综合
材料画

编号：综合材料 33
品牌：宽居艺术
规格（单幅）：W1220mm×H1650mm
材质：综合材料
风格：现代简约
参考价（单幅）：4210 元

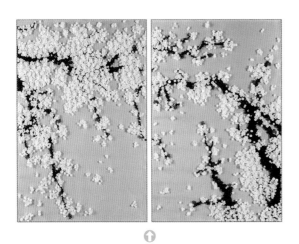

编号：综合材料 34
品牌：宽居艺术
规格（单幅）：W800mm×H1200mm
材质：综合材料、亚克力
风格：新中式
参考价（单幅）：5320 元

编号：综合材料 35
品牌：宽居艺术
规格（单幅）：W550mm×H1800mm
材质：综合材料、实木框
风格：新中式
参考价（单幅）：3714 元

综合
材料画

编号：综合材料 36
品牌：宽居艺术
规格：W750mm×H1130mm
　　　W550mm×H550mm
材质：综合材料、铝框
风格：新中式
参考价（单幅）：3220 元
　　　　　　　2130 元

编号：综合材料 37
品牌：宽居艺术
规格（单幅）：W800mm×H800mm
材质：综合材料、实木框
风格：现代简约
参考价（单幅）：3210 元

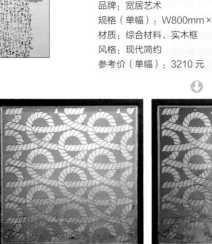

编号：综合材料 38
品牌：宽居艺术
规格：W1400mm ×
　　　H900mm
材质：综合材料、铝框
风格：新中式
参考价：4714 元

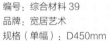

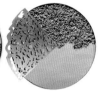

编号：综合材料 39
品牌：宽居艺术
规格（单幅）：D450mm
材质：综合材料、铝框
风格：新中式
参考价（单幅）：2142 元

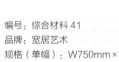

编号：综合材料 40
品牌：宽居艺术
规格：D900mm
材质：综合材料、铝框
风格：新中式
参考价：3571 元

编号：综合材料 41
品牌：宽居艺术
规格（单幅）：W750mm ×
　　　　　　　H1100mm
材质：综合材料、铝框
风格：新中式
参考价（单幅）：3285 元

编号：综合材料 42
品牌：宽居艺术
规格：W1200mm × H800mm
　　　W700mm × H700mm
材质：综合材料、铝框
风格：新中式
参考价（单幅）：3428 元
　　　　　　　　2300 元

综合
材料画

编号：综合材料 43
品牌：宽居艺术
规格（单幅）：W800mm × H1200mm
材质：综合材料、实木框
风格：新中式
参考价（单幅）：3210 元

编号：综合材料 44
品牌：宽居艺术
规格（单幅）：W800mm × H1200mm
材质：综合材料、铝框
风格：新中式
参考价（单幅）：3210 元

编号：综合材料 45
品牌：宽居艺术
规格：W1500mm × H500mm
材质：综合材料、铝框
风格：新中式
参考价：3942 元

综合
材料画

编号：综合材料 46
品牌：宽居艺术
规格（单幅）：W500mm × H800mm
材质：综合材料、铝框
风格：新中式
参考价（单幅）：3420 元

编号：综合材料 47
品牌：颜料块
规格：W770mm × H1170mm
材质：晶瓷、铝框
风格：现代简约
参考价：2710 元

编号：综合材料 48
品牌：颜料块
规格：W770mm×H1170mm
材质：晶瓷、铝框
风格：现代简约
参考价：2710 元

编号：综合材料 49
品牌：颜料块
规格：W1190mm×H1190mm
材质：晶瓷、铝框
风格：现代简约
参考价：3500 元

编号：综合材料 50
品牌：颜料块
规格：W1190mm×H1190mm
材质：晶瓷、铝框
风格：现代简约
参考价：3500 元

编号：综合材料 51
品牌：颜料块
规格：W1190mm×H1190mm
材质：晶瓷、铝框
风格：现代简约
参考价：3500 元

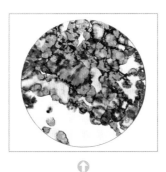

编号：综合材料 52
品牌：颜料块
规格：W1190mm×H1190mm
材质：晶瓷、铝框
风格：新中式
参考价：3500 元

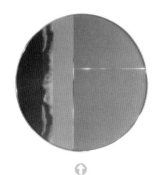

编号：综合材料 53
品牌：颜料块
规格：D1200mm
材质：布艺、铜条、铝框
风格：现代简约
参考价：5960 元

编号：综合材料 54
品牌：一字汇
规格（单幅）：W1500mm×H500mm
材质：综合材料、铝框
风格：新中式
参考价（单幅）：3400 元

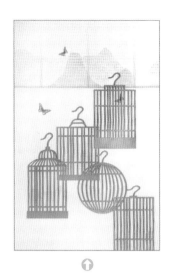

编号：综合材料 55
品牌：一字汇
规格：W800mm×H1200mm
材质：综合材料、铝框
风格：新中式
参考价：2430 元

编号：综合材料 56
品牌：一字汇
规格（单幅）：W800mm×H1200mm
材质：综合材料、铝框
风格：新中式
参考价（单幅）：2430 元

综合
材料画

编号：综合材料 57
品牌：一字汇
规格（单幅）：W800mm×H1200mm
材质：双层透明丝绸、皮革雕刻、实木框
风格：新中式
参考价（单幅）：3000 元

编号：综合材料 58
品牌：一字汇
规格：W800mm×H1200mm
材质：晶瓷、铝框
风格：现代简约
参考价：2686 元

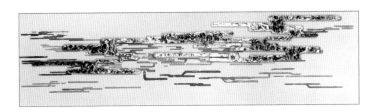

编号：综合材料 59
品牌：一字汇
规格：W800mm×H1200mm
材质：宣纸、纸艺切割、金箔、实木框
风格：新中式
参考价：3943 元

编号：综合材料 60
品牌：一字汇
规格：W1500mm×H500mm
材质：木板雕刻、塑形肌理、金箔
风格：新中式
参考价：3371 元

编号：综合材料 63
品牌：一字汇
规格（单幅）：W1000mm×H1000mm
材质：金属网切割、实木框
风格：新中式
参考价（单幅）：3229 元

编号：综合材料 61
品牌：一字汇
规格（单幅）：W800mm×H1200mm
材质：木板雕刻书法、金箔、实木框
风格：新中式
参考价（单幅）：3771 元

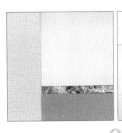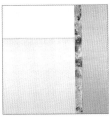

编号：综合材料 62
品牌：一字汇
规格（单幅）：W800mm×H800mm
材质：布艺拼接、金箔、金属收边、铝框
风格：新中式
参考价（单幅）：2143 元

编号：综合材料 64
品牌：一字汇
规格（单幅）：W750mm×H1000mm
材质：综合材料、实木框
风格：新中式
参考价（单幅）：4800 元

综合
材料画

编号：综合材料 65
品牌：一字汇
规格（单幅）：W800mm×
　　　　　　 H1200mm
材质：综合材料、实木框
风格：新中式
参考价（单幅）：3571 元

编号：综合材料 67
品牌：一字汇
规格：W800mm×
　　　 H1200mm
材质：纸艺雕刻镀金漆、
　　　 实木框
风格：现代简约
参考价：3000 元

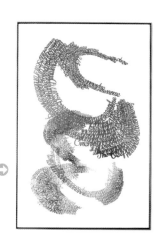

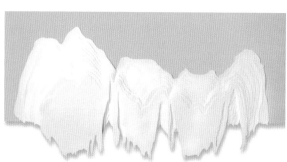

综合
材料画

编号：综合材料 70
品牌：一字汇
规格（单幅）：W2000mm×H800mm
材质：烫烧宣纸、金箔底、实木框
风格：新中式
参考价（单幅）：5371 元

编号：综合材料 66
品牌：一字汇
规格：D950mm
材质：绢布微喷、钛金雕刻、不锈钢框
风格：新中式
参考价：3086 元

编号：综合材料 68
品牌：一字汇
规格：D950mm
材质：烫烧宣纸、金箔底、肌理油画、不锈钢雕刻、
　　　 不锈钢框
风格：新中式
参考价：3857 元

编号：综合材料 69
品牌：一字汇
规格：W600mm×H900mm
材质：多层布艺切割
风格：新中式
参考价：3571 元

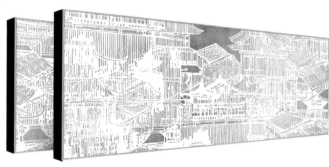

第五章

布艺

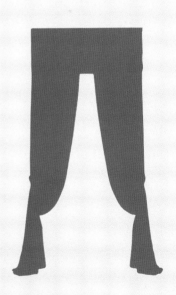

CHAPTER FIVE

1 抱枕

编号：抱枕 1
品牌：artdeco 尚居
规格：L450mm×W450mm
材质：全棉印花
风格：现代简约
参考价：280 元

编号：抱枕 2
品牌：artdeco 尚居
规格：L450mm×W450mm
材质：丝绵提花
风格：现代简约
参考价：320 元

编号：抱枕 3
品牌：布梵
规格：L450mm×W450mm
材质：烫片提花
风格：新中式
参考价：223 元

编号：抱枕 4
品牌：布梵
规格：L450mm×W450mm
材质：混纺
风格：现代简约
参考价：119 元

编号：抱枕 5
品牌：布梵
规格：L450mm×W450mm
材质：混纺
风格：现代简约
参考价：220 元

编号：抱枕 6
品牌：布梵
规格：L500mm×W300mm
材质：混纺
风格：现代简约
参考价：107 元

编号：抱枕 7
品牌：布梵
规格：L450mm×W450mm
材质：丝光提花
风格：新中式
参考价：238 元

编号：抱枕 8
品牌：布梵
规格：L500mm×W300mm
材质：拼布钉珠
风格：新中式
参考价：151 元

编号：抱枕 9
品牌：布梵
规格：L500mm×W300mm
材质：丝光提花
风格：新中式
参考价：195 元

抱枕

编号：抱枕 10
品牌：布梵
规格：L450mm×W450mm
材质：丝绵提花
风格：现代简约
参考价：145 元

编号：抱枕 11
品牌：布梵
规格：L450mm×W450mm
材质：混纺
风格：新中式
参考价：216 元

编号：抱枕 12
品牌：布梵
规格：L450mm×W450mm
材质：混纺
风格：新中式
参考价：178 元

编号：抱枕 13
品牌：布梵
规格：L450mm×W450mm
材质：混纺
风格：现代简约
参考价：136 元

编号：抱枕 14
品牌：布梵
规格：L450mm×W450mm
材质：丝绵提花
风格：现代简约
参考价：120 元

编号：抱枕 15
品牌：布梵
规格：L450mm×W450mm
材质：混纺
风格：新中式
参考价：154 元

编号：抱枕 16
品牌：梵廊朵
规格：L450mm×W450mm
材质：混纺
风格：新中式
参考价：457 元

编号：抱枕 17
品牌：匠心宅品
规格：L450mm×W450mm
材质：丝光提花
风格：新中式
参考价：239 元

编号：抱枕 18
品牌：匠心宅品
规格：L450mm×W450mm
材质：混纺
风格：新中式
参考价：296 元

抱枕

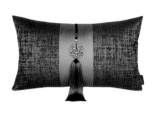

编号：抱枕 19
品牌：匠心宅品
规格：L500mm×W300mm
材质：混纺
风格：新中式
参考价：299 元

编号：抱枕 20
品牌：伶居丽布
规格：L450mm×W450mm
材质：丝绵提花
风格：现代简约
参考价：320 元

编号：抱枕 21
品牌：伶居丽布
规格：L450mm×W450mm
材质：混纺
风格：现代简约
参考价：260 元

编号：抱枕 22
品牌：伶居丽布
规格：L450mm×W450mm
材质：绣花钉珠
风格：新中式
参考价：368 元

编号：抱枕 23
品牌：伶居丽布
规格：L450mm×W450mm
材质：丝光提花
风格：现代简约
参考价：260 元

编号：抱枕 24
品牌：伶居丽布
规格：L450mm×W450mm
材质：混纺
风格：现代简约
参考价：360 元

抱枕

编号：抱枕 25
品牌：伶居丽布
规格：L450mm×W450mm
材质：混纺
风格：现代简约
参考价：430 元

编号：抱枕 26
品牌：伶居丽布
规格：L450mm×W450mm
材质：丝光提花
风格：新中式
参考价：220 元

编号：抱枕 27
品牌：拾悦
规格：L450mm×W450mm
材质：混纺
风格：现代简约
参考价：179 元

编号：抱枕 28
品牌：拾悦
规格：L400mm × W300mm
材质：混纺
风格：现代简约
参考价：165 元

编号：抱枕 29
品牌：拾悦
规格：L450mm × W450mm
材质：混纺
风格：现代简约
参考价：159 元

编号：抱枕 30
品牌：拾悦
规格：L450mm × W450mm
材质：混纺
风格：现代简约
参考价：210 元

编号：抱枕 31
品牌：拾悦
规格：L250mm × W250mm
材质：混纺
风格：现代简约
参考价：298 元

编号：抱枕 32
品牌：拾悦
规格：L450mm × W450mm
材质：混纺拼接
风格：现代简约
参考价：155 元

编号：抱枕 33
品牌：拾悦
规格：L450mm × W450mm
材质：混纺
风格：新中式
参考价：240 元

编号：抱枕 34
品牌：优品美学
规格：L450mm × W450mm
材质：混纺
风格：现代简约
参考价：238 元

编号：抱枕 35
品牌：优品美学
规格：L450mm × W450mm
材质：丝光提花
风格：新中式
参考价：268 元

编号：抱枕 36
品牌：优品美学
规格：L500mm × W300mm
材质：混纺
风格：新中式
参考价：218 元

抱枕

编号：抱枕 37
品牌：优品美学
规格：L500mm×W300mm
材质：混纺
风格：新中式
参考价：188 元

编号：抱枕 38
品牌：优品美学
规格：L500mm×W300mm
材质：混纺
风格：新中式
参考价：278 元

编号：抱枕 39
品牌：元熙壹品
规格：L450mm×W450mm
材质：混纺
风格：新中式
参考价：180 元

编号：抱枕 40
品牌：元熙壹品
规格：L500mm×W300mm
材质：混纺
风格：新中式
参考价：180 元

编号：抱枕 41
品牌：元熙壹品
规格：L450mm×W450mm
材质：混纺
风格：新中式
参考价：248 元

编号：抱枕 42
品牌：元熙壹品
规格：L500mm×W300mm
材质：混纺
风格：新中式
参考价：180 元

抱枕

编号：抱枕 43
品牌：元熙壹品
规格：L450mm×W450mm
材质：混纺
风格：新中式
参考价：178 元

编号：抱枕 44
品牌：元熙壹品
规格：L700mm×W180mm
材质：混纺
风格：新中式
参考价：392 元

编号：抱枕 45
品牌：元熙壹品
规格：L450mm×W450mm
材质：混纺
风格：新中式
参考价：178 元

编号：抱枕 46
品牌：元熙壹品
规格：L450mm×W450mm
材质：丝光提花
风格：新中式
参考价：140 元

编号：抱枕 47
品牌：元熙壹品
规格：L450mm×W450mm
材质：丝光提花
风格：新中式
参考价：240 元

编号：抱枕 48
品牌：元熙壹品
规格：L450mm×W450mm
材质：丝光提花
风格：新中式
参考价：172 元

编号：抱枕 49
品牌：元熙壹品
规格：L450mm×W450mm
材质：混纺
风格：新中式
参考价：218 元

编号：抱枕 50
品牌：元熙壹品
规格：L450mm×W450mm
材质：混纺
风格：新中式
参考价：228 元

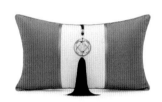

编号：抱枕 51
品牌：元熙壹品
规格：L500mm×W300mm
材质：混纺
风格：新中式
参考价：282 元

编号：抱枕 52
品牌：元熙壹品
规格：L450mm×W450mm
材质：丝光提花
风格：新中式
参考价：158 元

编号：抱枕 53
品牌：元熙壹品
规格：L450mm×W450mm
材质：丝光提花
风格：新中式
参考价：208 元

编号：抱枕 54
品牌：元熙壹品
规格：L500mm×W300mm
材质：丝光提花
风格：新中式
参考价：226 元

抱枕

编号：抱枕 55
品牌：元熙壹品
规格：L500mm×W300mm
材质：丝光提花
风格：新中式
参考价：256 元

编号：抱枕 56
品牌：元熙壹品
规格：L450mm×W450mm
材质：丝光提花
风格：新中式
参考价：136 元

编号：抱枕 57
品牌：元熙壹品
规格：L450mm×W450mm
材质：混纺
风格：新中式
参考价：158 元

编号：抱枕 58
品牌：元熙壹品
规格：L450mm×W450mm
材质：混纺
风格：新中式
参考价：268 元

编号：抱枕 59
品牌：元熙壹品
规格：L450mm×W450mm
材质：丝光提花
风格：新中式
参考价：142 元

编号：抱枕 60
品牌：元熙壹品
规格：L450mm×W450mm
材质：丝光提花
风格：新中式
参考价：196 元

抱枕

编号：抱枕 61
品牌：元熙壹品
规格：L500mm×W300mm
材质：混纺
风格：新中式
参考价：216 元

编号：抱枕 62
品牌：元熙壹品
规格：L450mm×W450mm
材质：丝光提花
风格：新中式
参考价：168 元

编号：抱枕 63
品牌：元熙壹品
规格：L450mm×W450mm
材质：混纺
风格：新中式
参考价：269 元

编号：抱枕 64
品牌：元熙壹品
规格：L500mm×W300mm
材质：丝光提花
风格：新中式
参考价：226 元

编号：抱枕 65
品牌：元熙壹品
规格：L500mm×W300mm
材质：混纺
风格：新中式
参考价：238 元

编号：抱枕 66
品牌：元熙壹品
规格：L450mm×W450mm
材质：混纺
风格：新中式
参考价：258 元

编号：抱枕 67
品牌：元熙壹品
规格：L500mm×W300mm
材质：混纺
风格：新中式
参考价：218 元

编号：抱枕 68
品牌：元熙壹品
规格：L500mm×W300mm
材质：丝光提花
风格：新中式
参考价：187 元

编号：抱枕 69
品牌：元熙壹品
规格：L500mm×W300mm
材质：丝光提花
风格：新中式
参考价：136 元

编号：抱枕 70
品牌：元熙壹品
规格：L450mm×W450mm
材质：丝光提花
风格：新中式
参考价：258 元

抱枕

2 地毯

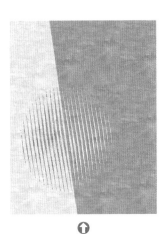

编号：地毯 1
品牌：高级定制
规格：L1600mm × W2300mm
材质：腈纶
风格：现代简约
参考价：1656 元

编号：地毯 2
品牌：高级定制
规格：L2100mm × W3200mm
材质：腈纶
风格：现代简约
参考价：3024 元

编号：地毯 3
品牌：高级定制
规格：L1600mm × W2300mm
材质：腈纶
风格：新中式
参考价：1656 元

地毯

编号：地毯 4
品牌：高级定制
规格：L1400mm × W2000mm
材质：腈纶
风格：新中式
参考价：1260 元

编号：地毯 5
品牌：高级定制
规格：D1000mm
材质：腈纶
风格：新中式
参考价：1320 元

编号：地毯 6
品牌：高级定制
规格：L2000mm × W3000mm
材质：腈纶
风格：新中式
参考价：1104 元

编号：地毯 7
品牌：高级定制
规格：L1400mm×W2000mm
材质：腈纶
风格：新中式
参考价：1260 元

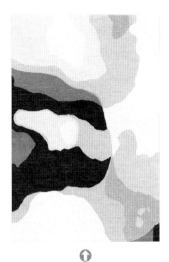

编号：地毯 8
品牌：高级定制
规格：L1600mm×W2300mm
材质：腈纶
风格：现代简约
参考价：1656 元

编号：地毯 9
品牌：高级定制
规格：D1200mm
材质：腈纶
风格：新中式
参考价：1680 元

编号：地毯 10
品牌：高级定制
规格：L2000mm×W3000mm
材质：腈纶
风格：新中式
参考价：1104 元

编号：地毯 11
品牌：高级定制
规格：L1400mm×W2000mm
材质：腈纶
风格：现代简约
参考价：1260 元

编号：地毯 12
品牌：高级定制
规格：D1000mm
材质：腈纶、人造丝
风格：现代简约
参考价：1320 元

编号：地毯 13
品牌：高级定制
规格：L1400mm×W2000mm
材质：腈纶
风格：现代简约
参考价：1260 元

地毯

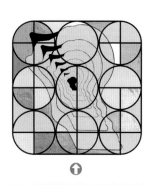

编号：地毯 14
品牌：高级定制
规格：L1000mm×W1000mm
材质：腈纶
风格：现代简约
参考价：1300 元

编号：地毯 15
品牌：高级定制
规格：D1100mm
材质：腈纶
风格：现代简约
参考价：1380 元

编号：地毯 16
品牌：高级定制
规格：L1000mm×W1500mm
材质：腈纶
风格：现代简约
参考价：1100 元

编号：地毯 17
品牌：高级定制
规格：L1600mm×W2300mm
材质：腈纶
风格：新中式
参考价：1656 元

编号：地毯 18
品牌：高级定制
规格：L2000mm×W3000mm
材质：腈纶
风格：新中式
参考价：1104 元

编号：地毯 19
品牌：高级定制
规格：L1600mm×W2300mm
材质：腈纶
风格：现代简约
参考价：1656 元

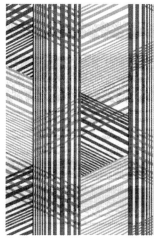

编号：地毯 20
品牌：高级定制
规格：L1600mm×W2300mm
材质：腈纶
风格：现代简约
参考价：1656 元

地毯

编号：地毯 21
品牌：高级定制
规格：L1400mm×W2000mm
材质：腈纶
风格：现代简约
参考价：1260 元

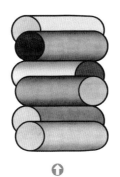

编号：地毯 22
品牌：高级定制
规格：L1600mm×W2300mm
材质：腈纶
风格：现代简约
参考价：1656 元

编号：地毯 23
品牌：高级定制
规格：L1600mm×W2300mm
材质：腈纶
风格：现代简约
参考价：1656 元

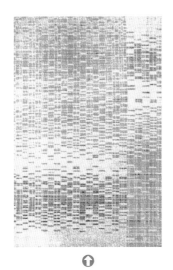

编号：地毯 24
品牌：高级定制
规格：L1600mm×W2300mm
材质：腈纶
风格：现代简约
参考价：1656 元

编号：地毯 25
品牌：高级定制
规格：L1400mm×W2000mm
材质：腈纶
风格：现代简约
参考价：1260 元

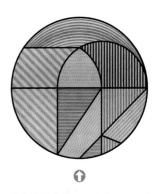

编号：地毯 26
品牌：高级定制
规格：D1100mm
材质：腈纶
风格：现代简约
参考价：1380 元

地毯

编号：地毯 27
品牌：高级定制
规格：L1600mm×W2300mm
材质：腈纶
风格：现代简约
参考价：1656 元

编号：地毯 28
品牌：高级定制
规格：L2000mm×W3000mm
材质：腈纶
风格：新中式
参考价：3200 元

编号：地毯 29
品牌：高级定制
规格：L1600mm×W2300mm
材质：腈纶
风格：新中式
参考价：1656 元

地毯

编号：地毯 30
品牌：高级定制
规格：L1400mm×W2000mm
材质：腈纶
风格：现代简约
参考价：1260 元

编号：地毯 31
品牌：高级定制
规格：L1600mm×W2300mm
材质：腈纶
风格：现代简约
参考价：1656 元

编号：地毯 32
品牌：高级定制
规格：L1600mm×W2300mm
材质：腈纶
风格：新中式
参考价：1656 元

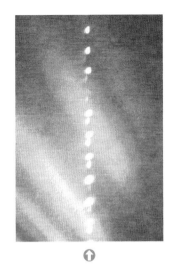

编号：地毯 33
品牌：高级定制
规格：D1000mm
材质：腈纶
风格：现代简约
参考价：1320 元

编号：地毯 34
品牌：高级定制
规格：L2000mm×W3000mm
材质：腈纶、人造丝
风格：现代简约
参考价：3800 元

编号：地毯 35
品牌：高级定制
规格：L1000mm×W1400mm
材质：腈纶
风格：现代简约
参考价：1490 元

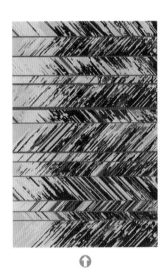

编号：地毯 36
品牌：高级定制
规格：L1600mm×W2300mm
材质：腈纶
风格：现代简约
参考价：1656 元

编号：地毯 37
品牌：高级定制
规格：D1000mm
材质：腈纶
风格：新中式
参考价：1300 元

编号：地毯 38
品牌：高级定制
规格：L1600mm×W2300mm
材质：腈纶
风格：现代简约
参考价：1656 元

地毯

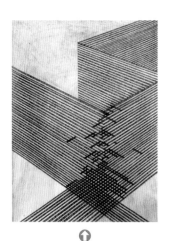

编号：地毯 40
品牌：高级定制
规格：L1200mm × W1000mm
材质：腈纶
风格：现代简约
参考价：2800 元

编号：地毯 41
品牌：高级定制
规格：L1000mm × W1400mm
材质：腈纶
风格：现代简约
参考价：3280 元

编号：地毯 39
品牌：高级定制
规格：L1400mm × W2000mm
材质：腈纶
风格：现代简约
参考价：1260 元

 地毯

编号：地毯 42
品牌：高级定制
规格：L2000mm × W3000mm
材质：腈纶
风格：新中式
参考价：3300 元

编号：地毯 43
品牌：高级定制
规格：L1000mm × W1200mm
材质：腈纶
风格：现代简约
参考价：2800 元

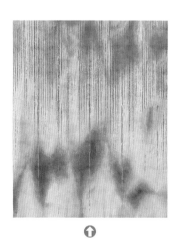

编号：地毯 44
品牌：高级定制
规格：L1600mm × W2300mm
材质：腈纶
风格：新中式
参考价：1656 元

编号：地毯 45
品牌：高级定制
规格：L1600mm×W2300mm
材质：腈纶
风格：新中式
参考价：1656 元

编号：地毯 46
品牌：高级定制
规格：L1400mm×W2000mm
材质：腈纶
风格：新中式
参考价：1260 元

编号：地毯 47
品牌：高级定制
规格：L1600mm×W2300mm
材质：腈纶
风格：现代简约
参考价：1656 元

编号：地毯 48
品牌：高级定制
规格：D1300mm
材质：腈纶
风格：现代简约
参考价：2890 元

编号：地毯 49
品牌：高级定制
规格：L2000mm×W3000mm
材质：腈纶
风格：现代简约
参考价：3300 元

编号：地毯 50
品牌：高级定制
规格：L1600mm×W2300mm
材质：腈纶
风格：现代简约
参考价：1656 元

地毯

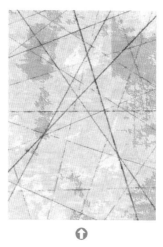

编号：地毯 51
品牌：高级定制
规格：L1600mm×W2300mm
材质：腈纶
风格：现代简约
参考价：1656 元

编号：地毯 52
品牌：高级定制
规格：L1400mm×W2000mm
材质：腈纶
风格：现代简约
参考价：1260 元

编号：地毯 53
品牌：高级定制
规格：L900mm×W1500mm
材质：腈纶
风格：现代简约
参考价：1200 元

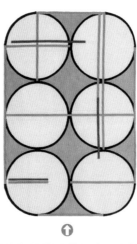

地毯

编号：地毯 54
品牌：高级定制
规格：L1600mm×W2300mm
材质：腈纶
风格：现代简约
参考价：1656 元

编号：地毯 55
品牌：高级定制
规格：L1600mm×W2300mm
材质：腈纶
风格：现代简约
参考价：1656 元

编号：地毯 56
品牌：高级定制
规格：L1400mm×W2000mm
材质：腈纶
风格：新中式
参考价：1260 元

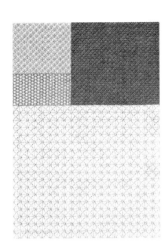

编号：地毯 57
品牌：高级定制
规格：L1600mm × W2300mm
材质：腈纶
风格：现代简约
参考价：1656 元

编号：地毯 58
品牌：高级定制
规格：L2000mm × W3000mm
材质：腈纶
风格：现代简约
参考价：3800 元

编号：地毯 59
品牌：高级定制
规格：L1600mm × W2300mm
材质：腈纶
风格：现代简约
参考价：1656 元

编号：地毯 60
品牌：高级定制
规格：D1000mm
材质：腈纶
风格：新中式
参考价：2300 元

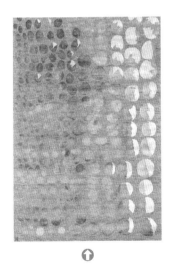

编号：地毯 61
品牌：高级定制
规格：L1600mm × W2300mm
材质：腈纶
风格：新中式
参考价：1656 元

编号：地毯 62
品牌：高级定制
规格：L1400mm × W2000mm
材质：腈纶
风格：现代简约
参考价：1260 元

编号：地毯 63
品牌：高级定制
规格：L1600mm × W2300mm
材质：腈纶
风格：新中式
参考价：1656 元

地毯

编号：地毯 64
品牌：高级定制
规格：L1600mm×W2300mm
材质：腈纶
风格：现代简约
参考价：1656 元

编号：地毯 65
品牌：高级定制
规格：D1000mm
材质：腈纶
风格：现代简约
参考价：2300 元

编号：地毯 66
品牌：高级定制
规格：L2000mm×W3000mm
材质：腈纶、人造丝
风格：现代简约
参考价：4200 元

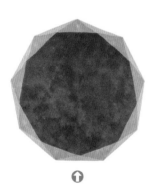

编号：地毯 67
品牌：高级定制
规格：D1200mm
材质：腈纶
风格：现代简约
参考价：2300 元

编号：地毯 68
品牌：高级定制
规格：L1600mm×W2300mm
材质：腈纶
风格：新中式
参考价：1656 元

地毯

编号：地毯 69
品牌：高级定制
规格：D1000mm
材质：腈纶
风格：现代简约
参考价：1890 元

编号：地毯 70
品牌：高级定制
规格：L1600mm×W 2300mm
材质：腈纶
风格：现代简约
参考价：1656 元

3 窗帘

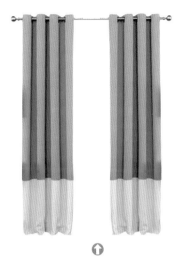

编号：窗帘 1
品牌：高级定制
规格：按实际尺寸
材质：聚酯纤维
风格：现代简约

编号：窗帘 2
品牌：高级定制
规格：按实际尺寸
材质：聚酯纤维
风格：现代美式

编号：窗帘 3
品牌：高级定制
规格：按实际尺寸
材质：聚酯纤维
风格：新古典

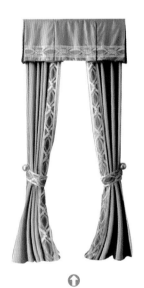

编号：窗帘 4
品牌：高级定制
规格：按实际尺寸
材质：聚酯纤维
风格：欧式

编号：窗帘 5
品牌：高级定制
规格：按实际尺寸
材质：聚酯纤维
风格：欧式

编号：窗帘 6
品牌：高级定制
规格：按实际尺寸
材质：聚酯纤维
风格：美式

窗帘

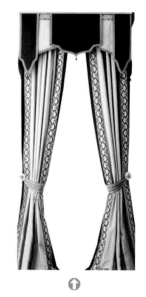

编号：窗帘 7
品牌：高级定制
规格：按实际尺寸
材质：聚酯纤维
风格：欧式

编号：窗帘 8
品牌：高级定制
规格：按实际尺寸
材质：聚酯纤维
风格：现代美式

编号：窗帘 9
品牌：高级定制
规格：按实际尺寸
材质：聚酯纤维
风格：欧式

窗帘

编号：窗帘 10
品牌：高级定制
规格：按实际尺寸
材质：聚酯纤维
风格：欧式

编号：窗帘 11
品牌：高级定制
规格：按实际尺寸
材质：聚酯纤维
风格：美式

编号：窗帘 12
品牌：高级定制
规格：按实际尺寸
材质：聚酯纤维
风格：现代美式

编号：窗帘 13
品牌：高级定制
规格：按实际尺寸
材质：聚酯纤维
风格：美式

编号：窗帘 14
品牌：高级定制
规格：按实际尺寸
材质：聚酯纤维
风格：美式

编号：窗帘 15
品牌：高级定制
规格：按实际尺寸
材质：聚酯纤维
风格：现代美式

编号：窗帘 16
品牌：高级定制
规格：按实际尺寸
材质：聚酯纤维
风格：美式

编号：窗帘 17
品牌：高级定制
规格：按实际尺寸
材质：聚酯纤维
风格：现代美式

编号：窗帘 18
品牌：高级定制
规格：按实际尺寸
材质：聚酯纤维
风格：美式

窗帘

编号：窗帘 19
品牌：高级定制
规格：按实际尺寸
材质：聚酯纤维
风格：现代美式

编号：窗帘 20
品牌：高级定制
规格：按实际尺寸
材质：聚酯纤维
风格：现代美式

编号：窗帘 21
品牌：高级定制
规格：按实际尺寸
材质：聚酯纤维
风格：现代美式

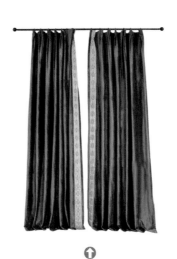

窗帘

编号：窗帘 22
品牌：高级定制
规格：按实际尺寸
材质：聚酯纤维
风格：现代美式

编号：窗帘 23
品牌：高级定制
规格：按实际尺寸
材质：聚酯纤维
风格：欧式

编号：窗帘 24
品牌：高级定制
规格：按实际尺寸
材质：聚酯纤维
风格：现代美式

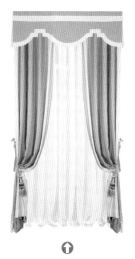

编号：窗帘 25
品牌：高级定制
规格：按实际尺寸
材质：聚酯纤维
风格：现代美式

编号：窗帘 26
品牌：高级定制
规格：按实际尺寸
材质：聚酯纤维
风格：现代美式

编号：窗帘 27
品牌：高级定制
规格：按实际尺寸
材质：聚酯纤维
风格：新古典

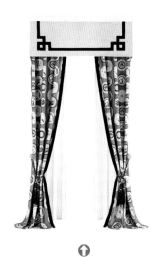

编号：窗帘 28
品牌：高级定制
规格：按实际尺寸
材质：聚酯纤维
风格：新古典

编号：窗帘 29
品牌：高级定制
规格：按实际尺寸
材质：聚酯纤维
风格：现代美式

编号：窗帘 30
品牌：高级定制
规格：按实际尺寸
材质：聚酯纤维
风格：现代美式

窗帘

4

床品

编号：床品 1
品牌：爱德拉
品名：床品十件套
规格：被套 ×1：260cm×240cm
　　　床笠 ×1：180cm×200cm×30cm
　　　床单 ×1：260cm×120cm
　　　短枕 ×2：50cm×80cm
　　　短枕 ×2：48cm×74cm
　　　方枕 ×2：50cm×50cm
　　　腰枕 ×1：35cm×60cm
材质：纯棉
风格：现代美式
参考价：5080 元

编号：床品 2
品牌：爱德拉
品名：床品九件套
规格：被套 ×1：260cm×240cm+5cm
　　　床笠 ×1：180cm×200cm×30cm
　　　大方枕 ×2：60cm×60cm
　　　短枕 ×2：48cm×74cm
　　　方枕 ×2：48cm×48cm
　　　腰枕 ×1：35cm×55cm
材质：纯棉
风格：现代美式
参考价：4980 元

编号：床品 3
品牌：爱德拉
品名：床品十件套
规格：被套 ×1：260cm×240cm
　　　床笠 ×1：180cm×200cm×30cm
　　　床毯 ×1：75cm×240cm
　　　大方枕 ×2：60cm×60cm
　　　短枕 ×2：48cm×74cm
　　　方枕 ×2：48cm×48cm
　　　腰枕 ×1：35cm×55cm
材质：仿丝
风格：新中式
参考价：5980 元

编号：床品 4
品牌：爱德拉
品名：床品十件套
规格：被套 ×1：260cm×240cm
　　　床笠 ×1：180cm×200cm×30cm
　　　短枕 ×2：50cm×80cm
　　　短枕 ×2：48cm×74cm
　　　方枕 ×2：48cm×48cm
　　　腰枕 ×2：30cm×50cm
材质：仿丝
风格：现代简约
参考价：5696 元

床品

编号：床品 5
品牌：爱德拉
品名：床品十件套
规格：被套 ×1：260cm×240cm
　　　床笠 ×1：180cm×200cm×30cm
　　　床毯 ×1：140cm×240cm
　　　短枕 ×2：50cm×80cm
　　　方枕 ×2：55cm×55cm
　　　方枕 ×2：48cm×48cm
　　　腰枕 ×1：35cm×65cm
材质：纯棉
风格：现代简约
参考价：4380 元

编号：床品 6
品牌：爱德拉
品名：床品九件套
规格：被套 ×1：260cm×240cm
　　　床笠 ×1：180cm×200cm×30cm
　　　短枕 ×2：50cm×80cm
　　　短枕 ×2：48cm×74cm
　　　方枕 ×2：48cm×48cm
　　　方枕 ×1：50cm×50cm
材质：肌理布、绒布
风格：现代简约
参考价：6680 元

编号：床品 7
品牌：爱德拉
品名：床品九件套
规格：被套 ×1：260cm×240cm
　　　床笠 ×1：180cm×200cm×30cm
　　　大方枕 ×2：60cm×60cm
　　　短枕 ×2：50cm×80cm
　　　短枕 ×2：48cm×74cm
　　　腰枕 ×1：30cm×50cm
材质：仿丝
风格：现代简约
参考价：4980 元

编号：床品 8
品牌：爱德拉
品名：床品九件套
规格：被套 ×1：260cm×240cm
　　　床笠 ×1：180cm×200cm×30cm
　　　短枕 ×2：50cm×80cm
　　　短枕 ×2：48cm×74cm
　　　方枕 ×2：48cm×48cm
　　　腰枕 ×1：35cm×55cm
材质：肌理布
风格：现代简约
参考价：6200 元

床品

编号：床品 9
品牌：爱德拉
品名：床品十件套
规格：被套 ×1：260cm×240cm
　　　床笠 ×1：180cm×200cm×30cm
　　　床毯 ×1：145cm×240cm
　　　短枕 ×2：50cm×80cm
　　　短枕 ×2：48cm×74cm
　　　方枕 ×2：48cm×48cm
　　　腰枕 ×1：35cm×55cm
材质：纯棉
风格：现代美式
参考价：5960 元

编号：床品 10
品牌：爱德拉
品名：床品十件套
规格：被套 ×1：260cm×240cm
　　　床笠 ×1：180cm×200cm×30cm
　　　大方枕 ×2：65cm×65cm
　　　短枕 ×2：48cm×74cm+12cm
　　　短枕 ×2：48cm×74cm+6cm
　　　腰枕 ×2：40cm×60cm
材质：肌理布
风格：现代美式
参考价：5680 元

编号：床品 11
品牌：爱德拉
品名：床品九件套
规格：被套 ×1：260cm×240cm
　　　床笠 ×1：180cm×200cm×30cm
　　　短枕 ×2：50cm×80cm
　　　短枕 ×2：48cm×74cm
　　　方枕 ×2：50cm×50cm
　　　方枕 ×1：40cm×40cm
材质：仿丝
风格：新中式
参考价：5200 元

编号：床品 12
品牌：爱德拉
品名：床品十件套
规格：被套 ×1：260cm×240cm
　　　床笠 ×1：180cm×200cm×30cm
　　　床毯 ×1：65cm×240cm
　　　大方枕 ×2：60cm×60cm
　　　短枕 ×2：50cm×80cm
　　　方枕 ×1：45cm×45cm
　　　腰枕 ×1：35cm×55cm
　　　腰枕 ×1：30cm×50cm
材质：棉麻
风格：现代美式
参考价：5800 元

床品

编号：床品 13
品牌：爱德拉
品名：床品十件套
规格：被套 ×1：260cm×240cm+3cm
　　　床笠 ×1：180cm×200cm×30cm
　　　床单 ×1：260cm×120cm
　　　大方枕 ×2：60cm×60cm
　　　短枕 ×2：50cm×80cm
　　　短枕 ×2：48cm×74cm
　　　方枕 ×1：50cm×50cm
材质：纯棉、绒布
风格：现代美式
参考价：5280 元

编号：床品 14
品牌：爱德拉
品名：床品十一件套
规格：被套 ×1：260cm×240cm
　　　床笠 ×1：180cm×200cm×30cm
　　　方枕 ×2：60cm×60cm
　　　短枕 ×2：50cm×80cm
　　　短枕 ×2：48cm×74cm
　　　腰枕 ×2：35cm×55cm
　　　腰枕 ×1：30cm×45cm
材质：棉
风格：现代简约
参考价：5980 元

编号：床品 15
品牌：爱德拉
品名：床品十一件套
规格：被套 ×1：260cm×240cm
　　　床笠 ×1：180cm×200cm×30cm
　　　大方枕 ×2：65cm×65cm
　　　短枕 ×2：50cm×80cm
　　　短枕 ×2：48cm×74cm
　　　方枕 ×1：48cm×48cm
　　　方枕 ×1：45cm×45cm
　　　腰枕 ×1：40cm×60cm
材质：棉麻
风格：美式
参考价：5280 元

编号：床品 16
品牌：爱德拉
品名：床品十一件套
规格：被套 ×1：260cm×240cm
　　　床单 ×1：260cm×120cm
　　　床笠 ×1：180cm×200cm×30cm
　　　床毯 ×1：140cm×260cm
　　　大方枕 ×2：60cm×60cm
　　　短枕 ×2：48cm×74cm
　　　方枕 ×1：50cm×50cm
　　　腰枕 ×1：40cm×60cm
　　　腰枕 ×1：35cm×60cm
材质：绒布
风格：现代简约
参考价：5600 元

床品

编号：床品 17
品牌：爱德拉
品名：床品十一件套
规格：被套 ×1：260cm×240cm
　　　床笠 ×1：180cm×200cm×30cm
　　　床单 ×1：120cm×260cm
　　　大方枕 ×3：60cm×60cm
　　　短枕 ×2：48cm×74cm
　　　短枕 ×2：40cm×60cm
　　　腰枕 ×1：35cm×55cm
材质：棉麻
风格：现代简约
参考价：5480 元

编号：床品 18
品牌：爱德拉
品名：床品十二件套
规格：被套 ×1：260cm×240cm
　　　床笠 ×1：180cm×200cm×30cm
　　　床毯 ×1：145cm×260cm
　　　短枕 ×2：50cm×80cm
　　　短枕 ×2：48cm×74cm
　　　腰枕 ×2：40cm×60cm
　　　方枕 ×2：50cm×50cm
　　　腰枕 ×1：30cm×50cm
材质：肌理布、纯棉
风格：现代美式
参考价：6280 元

编号：床品 19
品牌：爱德拉
品名：床品十二件套
规格：被套 ×1：260cm×240cm+3cm
　　　床笠 ×1：180cm×200cm×30cm
　　　床毯 ×1：60cm×250cm
　　　短枕 ×2：50cm×80cm
　　　短枕 ×2：48cm×74cm
　　　方枕 ×3：48cm×48cm
　　　腰枕 ×2：35cm×55cm
材质：纯棉、肌理布
风格：现代简约
参考价：5800 元

编号：床品 20
品牌：爱德拉
品名：床品十二件套
规格：被套 ×1：260cm×240cm
　　　床笠 ×1：180cm×200cm×30cm
　　　床毯 ×1：85cm×240cm
　　　大方枕 ×3：60cm×60cm
　　　短枕 ×2：48cm×74cm
　　　方枕 ×3：48cm×48cm
　　　腰枕 ×1：30cm×50cm
材质：纯棉、绒布
风格：现代简约
参考价：5980 元

床品

编号：床品 21
品牌：爱德拉
品名：床品七件套
规格：被套 ×1：200cm×230cm
　　　床笠 ×1：120cm×200cm×30cm
　　　床毯 ×1：180cm×70cm
　　　短枕 ×1：60cm×90cm
　　　短枕 ×1：48cm×74cm
　　　小枕 ×1：35cm×50cm
　　　方枕 ×1：48cm×48cm
材质：纯棉
风格：美式
参考价：3200 元

编号：床品 22
品牌：爱德拉
品名：床品八件套
规格：被套 ×1：260cm×240cm
　　　床笠 ×1：180cm×200cm×30cm
　　　短枕 ×2：50cm×80cm
　　　短枕 ×2：48cm×74cm
　　　方枕 ×2：48cm×48cm
材质：肌理布
风格：新中式
参考价：4980 元

编号：床品 23
品牌：爱德拉
品名：床品九件套
规格：被套 ×1：240cm×260cm
　　　床笠 ×1：180cm×200cm×30cm
　　　大方枕 ×3：60cm×60cm
　　　短枕 ×2：48cm×74cm+2cm
　　　方枕 ×2：48cm×48cm
材质：仿丝、肌理布
风格：新中式
参考价：5480 元

编号：床品 24
品牌：爱德拉
品名：床品十二件套
规格：被套 ×1：260cm×240cm
　　　床笠 ×1：180cm×200cm×30cm
　　　短枕 ×2：50cm×80cm
　　　短枕 ×2：48cm×74cm
　　　方枕 ×3：50cm×50cm
　　　方枕 ×2：48cm×48cm
　　　腰枕 ×1：35cm×50cm
材质：肌理布
风格：新中式
参考价：5480 元

床品

编号：床品 25
品牌：爱德拉
品名：床品十一件套
规格：被套 ×1：260cm×240cm
　　　床笠 ×1：180cm×200cm×30cm
　　　床毯 ×1(灰)：140cm×260cm
　　　大方枕 ×2：60cm×60cm
　　　短枕 ×2：48cm×74cm
　　　方枕 ×1：55cm×55cm
　　　方枕 ×2：45cm×45cm
　　　腰枕 ×1：30cm×55cm
材质：缎纹布、绒布
风格：现代简约
参考价：6680 元

编号：床品 29
品牌：爱德拉
品名：床品十四件套
规格：被套 ×1：260cm×240cm
　　　床笠 ×1：180cm×200cm×30cm
　　　床单 ×1：120cm×260cm
　　　床毯 ×1：145cm×250cm
　　　短枕 ×2：50cm×80cm
　　　短枕 ×2：48cm×74cm
　　　方枕 ×3：48cm×48cm
　　　方枕 ×1：50cm×50cm
　　　腰枕 ×2：30cm×50cm
材质：混纺肌理布
风格：现代美式
参考价：7800 元

编号：床品 26
品牌：爱德拉
品名：床品十二件套
规格：被套 ×1：260cm×240cm
　　　床笠 ×1：180cm×200cm×30cm
　　　短枕 ×2：50cm×80cm
　　　短枕 ×2：48cm×74cm
　　　腰枕 ×1：35cm×55cm
　　　方枕 ×2：48cm×48cm
　　　大方枕 ×2：65cm×65cm
　　　床毯 ×1：150cm×250cm
材质：仿皮、仿丝、纯棉
风格：现代简约
参考价：6526 元

编号：床品 27
品牌：爱德拉
品名：床品七件套
规格：被套 ×1：260cm×240cm
　　　床笠 ×1：180cm×200cm×30cm
　　　短枕 ×2：50cm×80cm
　　　短枕 ×2：48cm×74cm
　　　方枕 ×1：55cm×55cm
材质：纯棉
风格：现代美式
参考价：3480 元

编号：床品 28
品牌：爱德拉
品名：床品九件套
规格：被套 ×1：240cm×220cm
　　　床笠 ×1：150cm×200cm×30cm
　　　床毯 ×1：140cm×240cm
　　　大方枕 ×2：60cm×60cm
　　　短枕 ×2：48cm×74cm
　　　方枕 ×1：45cm×45cm
　　　腰枕 ×1：30cm×50cm
材质：棉麻、针织
风格：现代简约
参考价：4280 元

编号：床品 30
品牌：爱德拉
品名：床品八件套
规格：被套 ×1：260cm×240cm
　　　床笠 ×1：180cm×200cm×30cm
　　　短枕 ×2：50cm×80cm
　　　短枕 ×2：48cm×74cm
　　　方枕 ×1：48cm×48cm
　　　腰枕 ×1：40cm×60cm
材质：棉麻
风格：美式
参考价：4200 元

床品

第六章

花艺

CHAPTER SIX

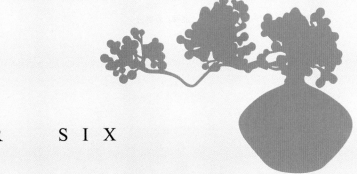

编号：花艺 1
品牌：千娇媚
规格：L300mm×H200mm
材质：过胶绢布、玻璃
风格：现代简约
参考价：280 元

编号：花艺 2
品牌：千娇媚
规格：L450mm×H300mm
材质：过胶绢布、实木、陶瓷
风格：现代简约
参考价：368 元

编号：花艺 3
品牌：千娇媚
规格：L500mm×H280mm
材质：过胶绢布、树脂
风格：现代简约
参考价：430 元

编号：花艺 5
品牌：千娇媚
规格：D300mm×H600mm
材质：过胶绢布、陶瓷
风格：现代简约
参考价：860 元

编号：花艺 4
品牌：千娇媚
规格：D300mm×H400mm
材质：过胶绢布、玻璃
风格：现代简约
参考价：295 元

编号：花艺 6
品牌：千娇媚
规格：不固定
材质：过胶绢布、陶瓷
风格：现代简约
参考价：890 元

编号：花艺 7
品牌：千娇媚
规格：D600mm×H700mm
材质：过胶绢布、陶瓷
风格：新中式
参考价：1200 元

花艺

编号：花艺 8
品牌：千娇媚
规格：L650mm×H750mm
材质：过胶绢布、陶瓷
风格：新中式
参考价：780 元

编号：花艺 9
品牌：千娇媚
规格：不固定
材质：过胶绢布、陶瓷
风格：现代简约
参考价：2800 元

编号：花艺 10
品牌：千娇媚
规格：L600mm×W350mm×H500mm
材质：过胶绢布、陶瓷
风格：新中式
参考价：1364 元

编号：花艺 11
品牌：千娇媚
规格：L400mm×H500mm
材质：过胶绢布、树脂
风格：现代简约
参考价：320 元

花艺

编号：花艺 12
品牌：千娇媚
规格：D450mm × H310mm
材质：塑胶、实木、陶瓷
风格：新中式
参考价：630 元

编号：花艺 13
品牌：千娇媚
规格：D300mm × H280mm
材质：塑胶、陶瓷
风格：现代简约
参考价：320 元

编号：花艺 14
品牌：千娇媚
规格：L450mm × W380mm × H430mm
材质：塑胶、陶瓷
风格：现代简约
参考价：430 元

编号：花艺 15
品牌：千娇媚
规格：L170mm × W150mm × H160mm
　　　L250mm × W150mm × H200mm
材质：塑胶、陶瓷
风格：现代简约
参考价：690 元

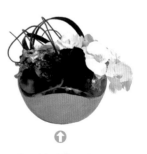

编号：花艺 16
品牌：千娇媚
规格：L530mm × W430mm × H400mm
材质：过胶绢布、塑胶、陶瓷
风格：现代简约
参考价：879 元

花艺

编号：花艺 17
品牌：千娇媚
规格：D280mm×H280mm
材质：塑胶、实木、陶瓷
风格：现代简约
参考价：484 元

编号：花艺 18
品牌：千娇媚
规格：L1010mm×W550mm×H350mm
材质：塑胶、陶瓷
风格：现代简约
参考价：654 元

编号：花艺 19
品牌：千娇媚
规格：L530mm×W380mm×H330mm
材质：过胶绢布、陶瓷
风格：现代简约
参考价：620 元

编号：花艺 20
品牌：千娇媚
规格：L300mm×W300mm×H300mm
材质：塑胶、陶瓷
风格：现代简约
参考价：313 元

编号：花艺 21
品牌：千娇媚
规格：L480mm×W350mm×H360mm
材质：过胶绢布、陶瓷
风格：现代简约
参考价：423 元

编号：花艺 22
品牌：千娇媚
规格：L450mm×W250mm×H250mm
材质：过胶绢布、塑胶、陶瓷
风格：现代简约
参考价：532 元

花艺

编号：花艺 23
品牌：千娇媚
规格：L120mm×W110mm×H170mm
材质：塑胶、陶瓷
风格：现代简约
参考价：348 元

编号：花艺 24
品牌：千娇媚
规格：L380mm×H450mm
材质：过胶绢布、陶瓷
风格：现代简约
参考价：323 元

编号：花艺 25
品牌：千娇媚
规格：L400mm×W330mm×H330mm
材质：过胶绢布、陶瓷
风格：现代简约
参考价：376 元

编号：花艺 26
品牌：千娇媚
规格：D170mm×H220mm
材质：塑胶、陶瓷
风格：现代简约
参考价：280 元

编号：花艺 27
品牌：千娇媚
规格：D500mm×H280mm
材质：塑胶、陶瓷
风格：现代简约
参考价：653 元

编号：花艺 28
品牌：千娇媚
规格：D660mm×H450mm
材质：塑胶、陶瓷
风格：现代简约
参考价：590 元

花艺

编号：花艺 30
品牌：千娇媚
规格：D500mm×H400mm
材质：过胶绢布、陶瓷
风格：现代简约
参考价：780 元

编号：花艺 29
品牌：千娇媚
规格：D250mm×H350mm
材质：过胶绢布、塑胶、陶瓷
风格：现代简约
参考价：320 元

编号：花艺 31
品牌：千娇媚
规格：L450mm×
　　　H500mm
材质：过胶绢布、陶瓷
风格：新中式
参考价：380 元

编号：花艺 32
品牌：千娇媚
规格：D400mm×H1000mm
材质：过胶绢布、陶瓷
风格：新中式
参考价：658 元

编号：花艺 33
品牌：千娇媚
规格：L300mm×H500mm
材质：过胶绢布、玻璃
风格：现代简约
参考价：320 元

花艺

编号：花艺 35
品牌：千娇媚
规格：L370mm×W120mm×H220mm
材质：过胶绢布、水泥
风格：现代简约
参考价：632 元

编号：花艺 34
品牌：千娇媚
规格：L350mm×
　　　H900mm
材质：过胶绢布、陶瓷
风格：新中式
参考价：380 元

编号：花艺 36
品牌：千娇媚
规格：W120mm×H660mm
　　　W140mm×H460mm
材质：过胶绢布、玻璃
风格：现代简约
参考价：620 元

编号：花艺 37
品牌：千娇媚
规格：L600mm×W300mm×H500mm
材质：过胶绢布、陶瓷
风格：新中式
参考价：528 元

花艺

编号：花艺 38
品牌：千娇媚
规格：D240mm×H300mm
材质：过胶绢布、玻璃
风格：现代简约
参考价：450 元

编号：花艺 39
品牌：千娇媚
规格：D550mm×H650mm
材质：过胶绢布、陶瓷
风格：新中式
参考价：616 元

编号：花艺 40
品牌：DENSITY 密度
规格：D330mm×H340mm
材质：过胶绢布、玻璃
风格：现代简约
参考价：170 元

编号：花艺 41
品牌：DENSITY 密度
规格：D260mm×H270mm
材质：过胶绢布、玻璃
风格：现代简约
参考价：218 元

编号：花艺 42
品牌：DENSITY 密度
规格：D400mm×H250mm
材质：过胶绢布、陶瓷
风格：现代简约
参考价：459 元

花艺

编号：花艺 43
品牌：DENSITY 密度
规格：W390mm × H400mm
材质：过胶绢布、玻璃
风格：现代简约
参考价：380 元

编号：花艺 44
品牌：LAMOME
规格：L540mm × W340mm × H500mm
材质：过胶绢布、玻璃
风格：现代简约
参考价：329 元

编号：花艺 45
品牌：LAMOME
规格：L230mm × W230mm × H210mm
材质：过胶绢布、玻璃
风格：现代简约
参考价：239 元

编号：花艺 46
品牌：LAMOME
规格：L260mm × W210mm × H560mm
材质：过胶绢布、玻璃
风格：现代简约
参考价：226 元

编号：花艺 47
品牌：LAMOME
规格：L420mm × W200mm × H200mm
材质：过胶绢布、玻璃
风格：现代简约
参考价：266 元

花艺

编号：花艺 48
品牌：LAMOME
规格：L420mm×W300mm×H320mm
材质：过胶绢布、玻璃
风格：现代简约
参考价：380 元

编号：花艺 49
品牌：LAMOME
规格：L500mm×W370mm×H410mm
材质：过胶绢布、陶瓷
风格：现代简约
参考价：658 元

编号：花艺 50
品牌：大千
规格：L150mm×
　　　W140mm×
　　　H200mm
材质：过胶绢布、树脂
风格：现代简约
参考价：327 元

编号：花艺 51
品牌：大千
规格：L170mm×W100mm×H300mm
　　　L170mm×W60mm×H490mm
　　　L170mm×W60mm×H400mm
材质：过胶绢布、陶瓷
风格：现代简约
参考价：675 元

编号：花艺 52
品牌：大千
规格：L180mm×W150mm×H380mm 单个
材质：塑胶、树脂
风格：现代简约
参考价：1257 元

花艺

编号：花艺 53
品牌：大千
规格：D200mm×H530mm
　　　D180mm×H420mm
材质：过胶绢布、树脂
风格：现代简约
参考价：2112 元

编号：花艺 54
品牌：大千
规格：D216mm×H200mm
　　　D260mm×H315mm
材质：过胶绢布、陶瓷
风格：现代简约
参考价：2250 元

编号：花艺 55
品牌：大千
规格：L230mm×W220mm×H200mm
材质：过胶绢布、树脂
风格：现代简约
参考价：345 元

编号：花艺 56
品牌：大千
规格：D230mm×H240mm
材质：塑胶、过胶绢布、铁艺
风格：新中式
参考价：1497 元

花艺

编号：花艺 57
品牌：大千
规格：L240mm × W220mm × H250mm
材质：过胶绢布、玻璃
风格：现代简约
参考价：345 元

编号：花艺 58
品牌：大千
规格：D240mm × H350mm
材质：塑胶、过胶绢布、陶瓷
风格：现代简约
参考价：675 元

编号：花艺 59
品牌：大千
规格：L250mm × W80mm × H120mm
材质：过胶绢布、陶瓷
风格：新中式
参考价：180 元

编号：花艺 60
品牌：大千
规格：L250mm × W180mm × H280mm
材质：过胶绢布、玻璃
风格：现代简约
参考价：297 元

编号：花艺 61
品牌：大千
规格：L250mm×W200mm×H650mm
　　　L330mm×W300mm×H440mm
材质：过胶绢布、树脂
风格：现代简约
参考价：1209 元

编号：花艺 62
品牌：大千
规格：D250mm×H600mm
材质：过胶绢布、树脂
风格：现代简约
参考价：576 元

编号：花艺 63
品牌：大千
规格：L260mm×W130mm×H520mm
　　　L260mm×W130mm×H380mm
材质：塑胶、陶瓷
风格：现代简约
参考价：762 元

编号：花艺 64
品牌：大千
规格：L270mm×W290mm×H420mm
　　　L300mm×W170mm×H590mm
　　　L340mm×W310mm×H490mm
材质：过胶绢布、陶瓷
风格：现代简约
参考价：2649 元

花艺

编号：花艺 65
品牌：大干
规格：L280mm×W280mm×H170mm
　　　L300mm×W170mm×H590mm
　　　L340mm×W310mm×H490mm
材质：过胶绢布、陶瓷
风格：现代简约
参考价：2757 元

编号：花艺 66
品牌：大干
规格：L300mm×W270mm×H630mm
材质：过胶绢布、陶瓷
风格：新中式
参考价：735 元

编号：花艺 67
品牌：大干
规格：L310mm×W170mm×H250mm
材质：过胶绢布、玻璃
风格：现代简约
参考价：660 元

编号：花艺 68
品牌：大干
规格：L310mm×W300mm×H430mm
材质：过胶绢布、陶瓷
风格：新中式
参考价：1197 元

花艺

编号：花艺 69
品牌：大千
规格：L330mm × W180mm × H750mm
　　　L380mm × W180mm × H620mm
材质：过胶绢布、陶瓷
风格：现代简约
参考价：1791 元

编号：花艺 71
品牌：大千
规格：D380mm × H270mm
材质：过胶绢布、陶瓷
风格：现代简约
参考价：417 元

编号：花艺 70
品牌：大千
规格：L360mm × W220mm × H670mm
材质：过胶绢布、陶瓷
风格：现代简约
参考价：564 元

编号：花艺 72
品牌：大千
规格：L400mm × W250mm × H550mm
　　　L300mm × W200mm × H1000mm
材质：过胶绢布、陶瓷
风格：现代简约
参考价：1761 元

花艺

编号：花艺 74
品牌：大千
规格：L450mm ×
W160mm ×
H850mm
L480mm ×
W180mm ×
H480mm
材质：过胶绢布、陶瓷
风格：新中式
参考价：1311 元

编号：花艺 73
品牌：大干
规格：L400mm × W300mm ×
H820mm
材质：过胶绢布、树脂
风格：现代简约
参考价：705 元

编号：花艺 75
品牌：大干
规格：L450mm ×
W450mm ×
H650mm
材质：过胶绢布、铁艺
风格：现代简约
参考价：2385 元

编号：花艺 76
品牌：大干
规格：L450mm × W450mm × H800mm
L450mm × W450mm × H600mm
材质：塑胶、铁艺
风格：现代简约
参考价：3732 元

编号：花艺 77
品牌：大干
规格：L500mm × W300mm × H900mm
材质：过胶绢布、陶瓷
风格：现代简约
参考价：954 元

花艺

编号：花艺 78
品牌：大千
规格：L500mm × W350mm × H550mm
　　　L460mm × W360mm × H650mm
材质：过胶绢布、陶瓷
风格：现代简约
参考价：3981 元

编号：花艺 79
品牌：大千
规格：L520mm × W360mm × H600mm
材质：塑胶、陶瓷
风格：新中式
参考价：1275 元

编号：花艺 80
品牌：大千
规格：L600mm × W200mm × H560mm
材质：过胶绢布、陶瓷
风格：现代简约
参考价：855 元

编号：花艺 81
品牌：米兰
规格：L300mm ×
　　　W150mm ×
　　　H250mm
材质：过胶绢布、
　　　陶瓷
风格：新中式
参考价：420 元

编号：花艺 82
品牌：米兰
规格：D420mm × H120mm
材质：过胶绢布、陶瓷
风格：新中式
参考价：540 元

花艺

编号：花艺 83
品牌：米兰
规格：L300mm×W300mm×H360mm
材质：过胶绢布、陶瓷
风格：新中式
参考价：688 元

编号：花艺 84
品牌：米兰
规格：L290mm×W290mm×H1120mm
材质：过胶绢布、铁艺
风格：新中式
参考价：1890 元

编号：花艺 85
品牌：米兰
规格：L220mm×W220mm×H220mm
材质：过胶绢布、陶瓷
风格：新中式
参考价：420 元

编号：花艺 86
品牌：米兰
规格：L205mm×W205mm×H400mm
材质：过胶绢布、陶瓷
风格：新中式
参考价：540 元

花艺

编号：花艺 87
品牌：米兰
规格：L135mm × W100mm × H300mm
材质：过胶绢布、陶瓷
风格：新中式
参考价：680 元

编号：花艺 89
品牌：米兰
规格：L310mm × W80mm × H90mm
材质：过胶绢布、陶瓷
风格：新中式
参考价：540 元

编号：花艺 90
品牌：米兰
规格：L500mm × W250mm × H350mm
材质：过胶绢布、玻璃
风格：现代简约
参考价：670 元

编号：花艺 88
品牌：米兰
规格：L120mm × W120mm × H435mm
材质：过胶绢布、陶瓷
风格：新中式
参考价：655 元

编号：花艺 91
品牌：米兰
规格：L400mm × W400mm × H600mm
　　　　L450mm × W450mm × H650mm
材质：过胶绢布、陶瓷
风格：新中式
参考价：1144 元

花艺

编号：花艺 93
品牌：千娇媚
规格：L350mm ×
　　　W150mm ×
　　　H350mm
材质：过胶绢布、竹
风格：新中式
参考价：319 元

编号：花艺 92
品牌：千娇媚
规格：L150mm × W150mm × H250mm
材质：过胶绢布、陶瓷
风格：新中式
参考价：154 元

编号：花艺 95
品牌：千娇媚
规格：L350mm ×
　　　W250mm ×
　　　H550mm
材质：过胶绢布、陶瓷
风格：新中式
参考价：451 元

编号：花艺 94
品牌：千娇媚
规格：L350mm × W200mm ×
　　　H250mm
材质：过胶绢布、陶瓷
风格：新中式
参考价：374 元

编号：花艺 96
品牌：千娇媚
规格：L350mm ×
　　　W300mm ×
　　　H450mm
材质：过胶绢布、陶瓷
风格：新中式
参考价：429 元

花艺

编号：花艺 97
品牌：千娇媚
规格：L350mm × W350mm × H700mm
材质：过胶绢布、陶瓷
风格：新中式
参考价：616 元

编号：花艺 98
品牌：千娇媚
规格：L400mm × W300mm × H720mm
材质：过胶绢布、陶瓷
风格：新中式
参考价：429 元

编号：花艺 99
品牌：千娇媚
规格：L450mm × W300mm × H550mm
材质：过胶绢布、陶瓷
风格：新中式
参考价：616 元

编号：花艺 100
品牌：千娇媚
规格：L1000mm × W500mm × H250mm
材质：过胶绢布、陶瓷
风格：新中式
参考价：594 元

花艺